Thomas Fritzsche, Klaus Höfle

Erste Hilfe im Konflikt

Tipps und Tools zur Konfliktlösung im Beruf

orell füssli Verlag AG

Umschlagabbildung: gettyimages
Umschlaggestaltung: Andreas Zollinger, Zürich
Druck: fgb • freiburger graphische betriebe, Freiburg

ISBN 978-3-280-05301-0

Bibliografische Information der Deutschen Bibliothek:
Die Deutsche Bibliothek verzeichnet diese Publikation in der Deutschen Nationalbibliografie; detaillierte bibliografische Daten sind im Internet über http://dnb.d-nb.de abrufbar.

Inhalt

Vorwort vom Ernstfall

Wer geht Ihnen auf die Nerven? Mit wem haben Sie sich in dieser Woche schon gezofft? Welcher ungelöste Dauerkonflikt hängt Ihnen wie eine Fußfessel am Bein? Mit wem müssten Sie dringend mal ein Wörtchen reden – schieben es aber schon seit Wochen auf? Mit wem reden Sie gar nicht mehr? Wen würden Sie am liebsten auf den Mond schießen? Wer buttert Sie regelmäßig unter, wenn es Zoff gibt – Ihr Boss, ein besonders renitenter Kunde, der Platzhirsch unter den Kollegen, Ihr Filius, Ihr Beziehungspartner?

Seltsam, nicht? Alles wird knapper – das Geld, die Zeit –, doch von etwas haben wir mehr als genug: Konflikten.

Dass die Zeiten stressiger werden, hat inzwischen jeder erkannt. Es gibt Tage, da reihen sich die kleinen und großen Kräche mit stressigen Chefs, unkollegialen Kollegen, unmotivierten Mitarbeitern, krätzigen Dienstleistern, überanspruchsvollen Kunden, verständnislosen Beziehungspartnern und eigensinnigen Kindern nahtlos aneinander. Die Konfliktwelle rollt. Werden wir unter ihr begraben?

Zahl und Ausmaß der Konflikte nehmen nicht nur ständig zu. Sie werden auch immer seltener tatsächlich gelöst. Die meisten werden immer wieder aufgeschoben, vertagt, aufs Neue aufgeheizt – bis wir einen Riesenballast an ungelösten Konflikten wie eine Bugwelle des Grauens vor uns herschieben. Das belastet. Das entnervt. Das kostet oft mehr Zeit und Nerven als «die eigentliche Arbeit». Es raubt einem nachts den Schlaf und tags den Verstand.

Kein Wunder, dass wir als Trainer und Coachs ständig mit Fragen gelöchert werden wie: Was kann ich gegen die rollende Konfliktlawine

9

tun? Wie kann ich Konflikte lösen, anstatt sie vor mir herzuschieben? Geht das auch ohne Stress und Zeitverlust? Wie kann ich verhindern, dass ich in Konflikten unter die Räder komme? Wie setze ich meine Interessen so durch, dass ich dem Konfliktpartner danach noch in die Augen sehen kann?

Seit 30 Jahren trainieren, coachen und beraten wir vom Mitarbeiter an der Basis bis hinauf zum Vorstand Menschen quer durch alle Branchen; die Themen reichen von Kommunikation über Führung bis zu Persönlichkeitsentwicklung. Das Thema «Konflikte» zieht sich dabei wie ein roter Faden durch alle Zielgruppen und Einzelthemen. Jeder und jede erlebt Konflikte. Täglich. In immer größerer Zahl, Dynamik, Konsequenz und Komplexität. Auch wir als Trainer und Berater sind davor nicht gefeit. Auch wir erleben Konflikte, wie jeder andere Mensch.

Und als ganz normale Konfliktgeplagte stellen wir zusammen mit unseren Seminarteilnehmern und Coachees immer wieder fest: Es gibt Hunderte von Büchern über Konfliktmanagement. Aber kaum eines davon gibt das, was Konfliktbeteiligte am dringendsten brauchen: schnelle Hilfe im Konfliktfall. Kompakte, konstruktive, praxiserprobte, unkomplizierte und direkt anwendbare Soforthilfe. Sozusagen Erste Hilfe im Konflikt. Die meisten Ratgeber verbreiten stattdessen Theoriebarock. Mit diesem Buch wollen wir Abhilfe schaffen. Dass die Tipps und Strategien die subjektive, individuelle Sicht der Autoren widerspiegeln, gehört insofern durchaus zum Konzept. «Die» objektiv richtige Darstellung der Konfliktthematik gibt es nicht. Die Frage ist vielmehr: Welche Beschreibung hilft mir am meisten bei der konstruktiven Lösung von Konflikten?

Wenn Sie überhaupt keine Zeit haben, weil ein Konflikt bereits zu eskalieren droht – genau für diesen Fall haben wir Ebene 1 dieses Buches konzipiert: Machen Sie sich konfliktfest in wenigen Minuten; sozusagen zwischen Tür und Angel. Mit nur fünf Turbo-Tipps – mehr brauchen Sie im ersten Moment nicht.

Falls Sie sich etwas mehr Zeit nehmen wollen (denn der nächste Konflikt kommt bestimmt): Dafür ist Ebene 2 da.

Und wenn Sie die Tricks der Meister zur Konfliktbewältigung kennen lernen wollen, befriedigen Sie Ihre Neugier mit Ebene 3.

Wir gehen in unserer Arbeit von folgenden Annahmen aus:

– Konflikte sind natürliche Bestandteile des Lebens. Es ist normal und notwendig, dass es zu Konflikten kommt.
– Denn Konflikte sind Handlungsbeeinträchtigungen. Was die eine Person tun will, wird von der anderen Person bewusst oder unbewusst ver- oder behindert.
– Handlungsbeeinträchtigungen treten bei der Arbeit, in der Familie oder im Verein immer wieder auf. Ab einer gewissen Größenordnung sprechen wir von Konflikten.
– Es liegt an uns, den Konfliktbeteiligten, wie wir mit der Handlungsbeeinträchtigung umgehen.
– Wir können uns für eine destruktive Umgangsform oder für eine konstruktive Umgangsform entscheiden.
– Welche Umgangsform wir wählen, liegt in unserer Verantwortung. Je nach gewählter Form wird der Konflikt zum Motor oder zur Bremse der Entwicklung.
– Von unserer Vernunft, Konfliktfähigkeit, Reflektiertheit und Selbstdisziplin hängt es ab, welche Gestaltungsform im Konflikt praktiziert wird.

Dieses Buch ist ein Appell und eine Anleitung, konstruktive Umgangsformen zu lernen und immer häufiger anzuwenden.

*«Wer Streit sucht, kann in der
Wahl seiner Worte nicht
unvorsichtig genug sein.»*
WERNER MITSCH

Ebene 1: Fünf Turbo-Tipps

Turbo-Tipp 1: Augen auf!

Vergessen Sie, was Sie an abgehobener Theorie über Konfliktbewältigung gelesen haben. Die Sache ist nicht so kompliziert, wie sie manchmal aussieht. Für eine erfolgreiche Konfliktbehandlung unter Zeit- und Erfolgsdruck reicht eine Handvoll Tipps. Der erste lautet:

Sieh nicht weg! Schau hin!

Was wir normalerweise tun
Was tun wir normalerweise, wenn sich Ärger anbahnt? Weggucken. Hoffen, dass «die Sache» sich von allein wieder einrenkt. Eine berechtigte Hoffnung? Leider nein.

Wegschauen verschärft Konflikte.

Je länger Sie wegschauen und hoffen, desto größer, emotionaler, belastender, stressiger und schwieriger zu lösen wird ein Konflikt in der Regel. Aber das haben Sie sicher selbst schon bemerkt …

So geht's
Schauen Sie bei Konflikten so früh wie möglich hin. Das kostet Überwindung, fühlt sich oft unangenehm an. Doch weitaus unangenehmer wird es für Sie, wenn Sie nicht frühzeitig hinschauen. Dann wächst sich der Kleinkonflikt nämlich meist zum bärbeißigen Kon-

fliktmonster aus. Frühzeitiges Hingucken hat noch einen weiteren großen Vorteil:

Wer früh hinguckt, erkennt rasch Chancen und Lösungsoptionen.

Und wer in einem Konflikt die Chancen und Optionen sieht, verliert schnell das ungute Gefühl und kommt rasch zu einer Lösung.

Genau hinschauen
Schauen Sie vor allem auf eines: Ist genügend Verhandlungsspielraum vorhanden? Das ist erfreulicherweise in 90 Prozent der Konflikte der Fall. Das heißt: Sie können mit dem Konfliktpartner kooperieren, einen Kompromiss suchen. Der Konflikt ist also in den meisten Fällen gar nicht so schlimm, wie er zunächst aussieht.

In den restlichen zehn Prozent der Fälle ist zu wenig Verhandlungsmasse vorhanden, um alle Parteien zufrieden zu stellen. Sie müssen sich für eine Strategie entscheiden: durchsetzen oder verzichten. Wenn Sie zum Beispiel mit Verspätung zu einem Geschäftstermin fahren, am Zielort vor dem letzten freien Parkplatz stehen und von der anderen Seite noch ein Auto in die Parklücke reinmöchte, stellt sich die Frage: reindrängeln oder reinwinken? Ein Kompromiss ist nicht möglich. Die Ressource Parkplatz reicht nur für einen Kontrahenten.

Die Frage lautet: Nehmen oder geben? Wenn Sie nehmen, nehmen Sie auch den Ärger in Kauf, den der Verlierer Ihnen möglicherweise macht (indem er Ihnen zum Beispiel mit dem Schlüssel den Lack zerkratzt). Wenn Sie geben, nehmen Sie eine Verspätung bei Ihrem Geschäftstermin in Kauf. Wofür entscheiden Sie sich?

Egal, wofür Sie sich entscheiden: Jede Entscheidung ist besser als keine Entscheidung.

Denn jede Entscheidung gibt Ihnen das Gefühl, dass Sie den Konflikt im Griff haben – und nicht umgekehrt.

Turbo-Tipp 2: Klartext reden!

Was wir normalerweise tun

Wie reden wir üblicherweise im Konfliktfall? «Das ist nicht so gut. Das muss sich ändern.» Wir reden vorsichtig, abstrakt, diplomatisch, formulieren mit angezogener Handbremse. Schließlich wollen wir dem Partner nicht auf den Schlips treten. Oder wir sind stinksauer und hauen auf den Tisch: «Was fällt Ihnen ein? So geht das nicht!»

Ob Sie poltern oder diplomatisch reden: Wenn Sie nicht klar sagen, worum es Ihnen geht, reden Sie aneinander vorbei.

Und das oft stundenlang mit rapide abnehmender Begeisterung. Deshalb sind Konflikte so unangenehm: Nicht weil sie an sich zeitraubend und stressig wären. Sondern weil unsere unklare Ausdrucksweise jede Menge Missverständnisse und Stress verursacht.

So geht's

Nehmen Sie Ihren Mut zusammen und reden Sie Klartext – aber immer höflich:

Sagen Sie ohne überzogenen Vorwurf, a) was genau Sie stört und b) welche Veränderung Sie konkret gerne hätten.

Die meisten vergessen eine dieser beiden Komponenten – viele vergessen beide. Zunächst sollten Sie klar und deutlich ausdrücken, was Sie stört, wo Sie den kritischen Punkt sehen. Aber: Keine Schuldzuweisungen («Sie haben …!»), sondern Ich-Botschaften («Ich fühle mich unwohl mit …»). Zum Beispiel: «Ich finde beim derzeitigen Zustand der Ablage nicht schnell genug meine Auftragsdaten.» Je kürzer und treffender Sie den kritischen Punkt beschreiben, desto besser. Am besten ist nur ein Satz.

Die meisten machen nach der Missstandsbeschreibung Schluss und sagen: «Er weiß doch, was ich jetzt von ihm erwarte!» Das ist Käse. Das führt meistens zu Missverständnissen. Daher:

Überlassen Sie es nicht dem Konfliktpartner, herauszufinden, was Sie von ihm wollen. Sagen Sie klar, was Sie sich wünschen.

Formulieren Sie Ihr Anliegen aber nicht als Forderung, sondern als Wunsch oder Bitte. Also nicht: «Die Ablage muss ordentlicher werden.» Sondern: «Können Sie die Aufträge künftig nach Produktgruppen ablegen?»

Warum sollten Sie keine Forderungen stellen, auch wenn Sie hundertmal im Recht sind? Weil Ihnen das nicht weiterhilft. Der andere reagiert allergisch auf einseitige Forderungen, womit der Konflikt eskaliert. Sie wollen aber keine Eskalation, sondern eine Lösung.

Auch Gefühle ausdrücken!
Immer wieder ist zu lesen und zu hören, dass man in Konflikten sachlich bleiben soll. Unfug! Wenn Ihnen ein Konfliktpartner sagt, Sie sollen Ihren Budgetvorschlag einreichen, dann ist das sicherlich sachlich. Sie wissen dabei jedoch nicht, ob er innerlich schon auf 180 ist oder ob ihm total egal ist, dass Sie drei Tage zu spät dran sind.

In Gefühlen steckt Bedeutung. Also drücken Sie auch Ihre Emotionen klar und deutlich aus.

Nicht auf die übliche Art: «Was fällt Ihnen ein! Wann kriege ich endlich Ihren Budgetvorschlag?» Sondern per Ich-Botschaft: «Ich bin ziemlich angefressen. Gerade hat mich der Big Boss zur Schnecke gemacht, weil unser Budget nicht steht. Dazu fehlt mir nämlich noch Ihr Input!» Da weiß der Konfliktpartner sofort: Oha, fünf vor zwölf! Sofort handeln!

Drücken Sie Ihre Gefühle aus, aber stets in angemessener Form.

Was heißt angemessen? Wenn Ihr Konfliktpartner ein ganz sensibler Mensch ist, dann reicht meist schon eine kleine Andeutung – sonst läuft er sauer davon oder holt zum verbalen Gegenschlag aus. Bei einer robusteren Natur dagegen müssen Sie in Ausdruck, Betonung und Lautstärke etwas aufdrehen – sonst kriegt er nicht mit, wie es emotional in Ihnen aussieht.

Turbo-Tipp 3: Gefühle kontrollieren!

Was wir normalerweise tun

In unseren Seminaren hören wir immer wieder: «Wie kann ich dem Konflikt ins Auge schauen, wenn das so eine verdammt unangenehme Sache ist?» Oder: «Wie kann ich Klartext reden, wenn der Gaul mit mir durchgeht?» Wie Sie sicher selbst schon bemerkt haben:

In Konflikten sind Gefühle die Stolperfalle Nummer eins.

Normalerweise streiten wir sehr emotional – eben weil Konflikte so aufwühlend sind. Entweder poltern wir los, oder wir schmollen passiv-aggressiv. Beides sind verständliche Gefühlsäußerungen. Sie haben nur einen großen Haken:

Unkontrollierte Gefühlsäußerungen können Ihre Position schwächen, den Konflikt zur Eskalation bringen oder ihn verschleppen.

Wer zu verschüchtert verhandelt, lässt sich über den Tisch ziehen. Wem die Gäule durchgehen, der lässt den Konflikt eskalieren. Vielleicht muss er sich nach seinem Gefühlsausbruch sogar noch beim Partner entschuldigen! Das ist oft peinlicher als der Konflikt an sich.

So geht's

Achten Sie im Konfliktfall mit Argusaugen auf Ihre Gefühle. Beobachten Sie sie mit ganzer Aufmerksamkeit.

Wer seine Gefühle aufmerksam beobachtet, verhindert, dass sie ihm spontan und unbedacht in die Zügel schießen.

Sie können im Konflikt nicht auch noch auf Ihre Gefühle achten? Doch, das geht. Das ist reine Trainingssache. Wie kuppeln und schalten beim Autofahren auch: Nach der Fahrschule machen Sie das ganz automatisch, ohne darüber nachzudenken. Weil es «sitzt».

Manchmal ist der Konflikt so heftig, dass selbst die Reflexion der Gefühle nicht hilft. Ein Jungmanager zum Beispiel hört oft von alten Hasen: «Sie mit Ihren zwei Jahren Berufserfahrung haben doch keine Ahnung!» Das ist sein wunder Punkt. Jedes Mal, wenn die Alten draufdrücken, geht er an die Decke und verliert den Konflikt – auch wenn er seine Gefühle noch so intensiv beobachtet.

Was er in diesen Situationen braucht, ist die bewusste Beeinflussung seiner Gefühle, indem er sich zum Beispiel sagt: «Lass nicht zu, dass sie dich provozieren! Diesen dummen Spruch kennst du doch inzwischen. Fall nicht darauf rein. Überzeug sie, dass du Ahnung hast!» Diese Gefühlsbeeinflussung hilft in den meisten Fällen – außer beim emotionalen Gau.

Wenn Sie das Gefühl haben, trotz aller Gefühlsbeobachtung und -beeinflussung die Kontrolle über Ihre Emotionen zu verlieren – ziehen Sie die Notbremse!

Es ist wie beim Pokern: Besser aussteigen, als Haus und Hof zu verlieren. Sagen Sie deshalb, kurz bevor Ihnen der Gaul durchgeht – und diesen Satz sollten Sie vor jedem Konfliktgespräch üben: «Ich möchte einen klaren Kopf bekommen. Ich schlage zehn Minuten Pause vor.» Wenn Sie diesen Satz vor lauter Gefühlsdruck nicht mehr herausbringen, ziehen Sie den Stecker:

Bevor Sie etwas Dummes sagen, sagen Sie besser gar nichts mehr.

Sie können doch nicht stumm am Verhandlungstisch sitzen? Doch. Genau das können Sie. Weil Sie wissen: Schweigen ist immer noch besser, als sich um Kopf und Kragen zu reden.

Wie Sie Ihre emotionale Intelligenz im Konfliktfall stärken können, betrachten wir übrigens ausführlich auf Ebene 3, Kapitel «Emotionale Intelligenz».

Turbo-Tipp 4: Lüg nicht!

Was wir normalerweise tun

In Konflikten schwindeln wir doch alle ein wenig! Schließlich hilft das, unserer Position mehr Nachdruck zu verleihen. Wenn unsere Beziehungspartnerin mal wieder zehn Minuten zu spät zur Verabredung kommt, sagen wir wie selbstverständlich: «Du bist schon wieder zwanzig Minuten zu spät!» Damit sie weiß, wie lästig das ist, übertreiben wir. Das ist gut gemeint, geht aber meist nach hinten los. Denn die Partnerin wird empört antworten: «Gar nicht wahr! Sind höchstens fünf Minuten!» Und schon haben wir den schönsten Beziehungsstress am Hals. Bloß weil wir ein wenig geschwindelt haben. Lügen haben einen Bumerang-Effekt. Und das doppelt:

Wenn Sie in Konflikten lügen, müssen Sie damit rechnen, dass auch der andere lügt.

Lügen sind kein Vorteil, sondern ein Nachteil, denn sie führen zur Eskalation: Wenn beide lügen, ist eine vernünftige Konfliktlösung von vornherein ausgeschlossen. Man versucht dann nur noch, sich mit Lügen gegenseitig zu übertrumpfen oder die Lügen des anderen aufzudecken und ihn dafür zu verfolgen.

Lügen Sie nicht. Wenn der andere lügt, decken Sie seine Schwindeleien auf und klopfen ihm auf die Finger.

Weisen Sie ihn auf seine Verantwortung hin, aber vorwurfsfrei, per Ich-Botschaft: «Ich finde das nicht in Ordnung, dass wir uns von der Faktenlage entfernen. Ich spiele mit offenen Karten. Ich wünsche mir, dass Sie diese Höflichkeit erwidern.»

Lügen haben einen weiteren, oft übersehenen Effekt: Sie schwächen das Selbstwertgefühl. Wenn ich mich mit «Der andere lügt ja auch!» herausrede, aber eigentlich als persönlichen Wert Aufrichtigkeit oder Ehrlichkeit pflege, dann bringe ich mich damit in ein Dilemma. Ich beschädige meine innere Stärke – und das wiederum schwächt meine Verhandlungsstärke in Konflikten.

So geht's
Halten Sie sich im Konflikt an das faktisch Wahrnehmbare. Faktisch wahrnehmbar ist das, was ein unbeteiligter Dritter sehen und hören kann. Wenn die Partnerin zehn Minuten zu spät ist, würde ein Dritter zehn Minuten Verspätung wahrnehmen – nicht zwanzig und nicht fünf. Vor allem:

> *Formulieren Sie Fakten als Fakten und Vermutungen als Vermutungen. Denn auch wer eine Vermutung als Fakt tarnt, lügt.*

Also zum Beispiel nicht: «Du bist nur deshalb zu spät, weil du immer erst zehn Minuten lang deine Autoschlüssel suchen musst!» Das hört sich wie eine Tatsachenbeobachtung an. Das ist es aber nicht. Der Konfliktpartner wird die unberechtigte Unterstellung bemerken – und sich kräftig revanchieren.

Wenn Sie vermuten, formulieren Sie das auch so: «Ich vermute mal, du hast erst noch den Autoschlüssel suchen müssen.» Darauf kann sie charmant antworten: «Nein, diesmal kam ein Anruf dazwischen.»

Nicht die ganze Wahrheit
Dass Sie Ihre subjektive Wahrheit sagen sollen, heißt nicht, dass Sie immer die ganze Wahrheit sagen sollen. In Konflikten handeln wir oft nach dem Motto: «Viel hilft viel!» Wir zählen jedes Argument auf, das uns einfällt. Wir starten eine Generalabrechnung. Das mag zwar alles wahr sein. Doch das schadet uns meist mehr, als es nützt. Denn:

> *Kein Mensch verträgt die ganze Wahrheit.*

Jeder hat sein Limit. Geben Sie jedem sein ganz persönliches Quantum an Wahrheit. Dem Sensiblen wenig, dem Robusten mehr. Aber es reizt Sie im Konfliktfall viel zu sehr, dem anderen die ganze Wahrheit um die Ohren zu hauen? Sie können der Versuchung einfach nicht widerstehen? Dann nehmen Sie sich nochmals Turbo-Tipp 3 vor.

Turbo-Tipp 5: Roter Faden!

Was wir normalerweise tun

Warum sind Konflikte oft so unangenehm? Weil wir uns stundenlang im Kreis drehen, ohne etwas dabei zu erreichen.

Bringen Sie Struktur in den Konflikt, damit er nicht chaotisch wird.

Wir stürzen uns meist unvorbereitet in einen Konflikt – weil wir aufgebracht sind oder die Sache schnell hinter uns bringen wollen. Die Folge: Wir versinken struktur- und orientierungslos im Treibsand.

So geht's

Viele Menschen kommen gar nicht auf die Idee, einem Konflikt Struktur zu geben. Dabei ist deren Nutzen offensichtlich:

Wenn Sie keine Wegskizze haben, dürfen Sie sich nicht wundern, wenn Sie das Ziel verfehlen.

Je einfacher die Routenplanung dabei ist, umso besser. In der Praxis funktioniert nur, was einfach ist. Die einfachste Konfliktstruktur ist immer noch: Erst sagt der eine, wie er den Konflikt sieht und erlebt. Dann gibt der andere seine Schilderung. Darauf überlegen beide: Welche Lösungsoptionen gibt es? Abschließend einigt man sich auf eine Lösung. Dabei sollten Sie beachten:

Eine Struktur nützt Ihnen nur dann, wenn Sie sich daran halten.

Um sich an die Struktur halten zu können, sind eine Abstimmung und eine verbindliche Vereinbarung über den Gesprächsablauf und die Phasen zu Gesprächsbeginn notwendig.

Natürlich sind wir alle versucht, uns im Konflikt von unseren Gefühlen mitreißen zu lassen und von der vereinbarten Struktur abzuweichen.

Folgende Hauptregeln unterstützen die Struktur:
- sich kurz fassen,
- ausreden lassen,
- keine Angriffe unter die Gürtellinie starten,
- konsequent lösungsorientiert handeln,
- angesprochene Themen möglichst abschließen, bevor ein neues Thema angegangen wird,
- akzeptieren, dass andere anders denken und fühlen als ich.

Wer bei der einmal vereinbarten Struktur bleibt und sich nicht aus dem Konzept bringen lässt, findet viel schneller und stressärmer eine Lösung für den Konflikt.

«Man verändert nur das,
was man annimmt.»
C. G. JUNG

Ebene 2: Erste Hilfe im Konfliktfall

Die fünf Turbo-Tipps (siehe Ebene 1) sind für den Notfall. Wenn der Konfliktpartner sozusagen schon mit Schaum vor dem Mund in der Tür steht und Sie sich fragen: Wer hilft mir jetzt? Überraschenderweise ist dieser akute Konfliktfall nicht die Regel. Viel häufiger sind Fälle, wie sie einer unserer Seminarteilnehmer schildert: «Da ist noch eine Sache offen. Ich hätte das schon lange klären müssen. Aber bisher habe ich das vor mir hergeschoben. Weil ich nicht weiß, wie ich das anpacken soll.» Wenn Sie nicht wissen, wie Sie einen Konflikt anpacken sollen, konzentrieren Sie sich am besten auf drei Komponenten. Als da sind:
1. Fragen zur Vorbereitung (Fragen 1–7, Seite 25–38)
2. Phasen und Hinweise zu deren Durchführung (Phasen 1–8, Seite 39–55)
3. Tools beziehungsweise Werkzeuge (Tools 1–10, Seite 57–82)

Wir betrachten im Folgenden diese drei Zutaten im Detail. Wenden wir uns zunächst der eminent wichtigen und ständig unterschätzten Vorbereitung zu.

Vorbereitung ist mehr als die halbe Miete

Kennen Sie das? Nachdem in Ihrer Beziehung die Fetzen und die Einrichtungsgegenstände geflogen sind, fragt Sie Ihr Partner: «Worum ging's jetzt eigentlich? Warum haben wir überhaupt zu streiten begonnen?» Und keiner kennt die Antwort.

> *Auf den höheren Eskalationsstufen weiß oft keiner mehr so recht, worum es eigentlich geht.*

Ist das nicht absurd? Menschen stürzen sich in einen Konflikt ohne die geringste Ahnung, worum es eigentlich geht. Warum? Weil Amateure auf Konflikte in der Regel sehr emotional und spontan reagieren: Hält man ihnen das rote Tuch vor, geben sie wie aufs Stichwort den wilden Stier. Sie verhalten sich ähnlich wie Tiere: reflexhaft. Allerdings: Tiere haben nur Instinkte, Menschen haben auch den Verstand.

Deshalb gilt: Wer mit Verstand in einen Konflikt geht, bereitet sich darauf vor. Denn im Konfliktfall ist Vorbereitung mehr als die halbe Miete. Für eine grundsolide Vorbereitung reichen sieben Schlüsselfragen:

Frage 1: Worum geht es überhaupt?

Frage 2: Geht es um die Sache oder um die Beziehung?

Frage 3: Ist der Konflikt reif?

Frage 4: Wofür übernehme ich die Verantwortung?

Frage 5: Was will ich?

Frage 6: Was ist drin?

Frage 7: Kann ich mit dem Worst Case leben?

Diese sieben rettenden Fragen betrachten wir jetzt etwas genauer.

Frage 1: Worum geht es überhaupt?

Martin pflaumt seine Kollegin Petra an: «Du denkst wohl, du kannst dir alles erlauben! Mensch, ich brauche das Arbeitspaket!» Wissen Sie, was er damit meint? Petra auch nicht.

Typische Fehler

Da Martin sauer ist, aber nicht sagt, weshalb, und Petra nicht weiß, worum es ihm geht, giftet sie im selben Ton zurück: «Was ist dir denn über die Leber gelaufen?» Und schon beharken sich die beiden mit wüsten Worten.

Wie man's richtig macht

Bevor Sie in einen Konflikt gehen, überlegen Sie erst, worum es Ihnen eigentlich geht. «Na, es geht darum, dass es so nicht weitergeht!», meint Martin daraufhin. Sorry, Martin, das ist zu schwammig.

Es sind die Handlungsbeeinträchtigung zum einen und die nicht erfüllten Erwartungen und Bedürfnisse zum anderen, um die es in einem Konflikt geht. Klären Sie Erstere und identifizieren Sie Letztere.

Fragen Sie sich: Wie möchte ich handeln? Und in welcher Weise werde ich bei dieser beabsichtigten Handlung beeinträchtigt?

Martin zum Beispiel sagt: «Ich muss morgen mein Arbeitspaket abgeben. Das kann ich aber nicht, solange ich deine Vorarbeit nicht habe.» Danach ist sowohl Martin wie auch Petra klar, was Martin stört und worum es ihm geht.

Fragen Sie sich: Welche konkreten Erwartungen wurden von wem nicht erfüllt? Worin besteht mein Bedürfnis?

Legen Sie sich die konkrete Beschreibung Ihrer Handlungsbeeinträchtigung, Ihrer nicht erfüllten Erwartungen und Bedürfnisse zurecht, bevor Sie ins Konfliktgespräch gehen.

Am besten schreiben Sie diese in zwei, drei kurzen Sätzen auf. Denn wenn Sie sich die Formulierung nicht vorher zurechtfeilen, kann es im Gespräch viele zähe Minuten dauern, bis Sie sich so klar ausgedrückt haben, dass beim Konfliktpartner ankommt, worum es Ihnen eigentlich geht. Und in diesen verlorenen Minuten kann das Gespräch schnell eskalieren – allein wegen der vermeidbaren Unklarheit der Formulierung.

Schon das Gefühl reicht

Um ein Konfliktgespräch zu beginnen, müssen Sie übrigens nicht faktisch beeinträchtigt sein. Es reicht schon, wenn Sie das Gefühl haben, beeinträchtigt zu werden.

Und wenn Sie schon dabei sind, über faktische und emotionale Handlungsbeeinträchtigungen nachzudenken, drehen Sie den Spieß gleich um: Kann es sein, dass Sie Ihrerseits den Konfliktpartner beeinträchtigen, ohne es bemerkt oder beabsichtigt zu haben? In vielen Konfliktfällen besteht nämlich ein gegenseitiger Wirkungszusammenhang. Wenn dies der Fall ist, sollten Sie auch darüber reden.

Wie immer vorwurfsfrei
Eine Handlungsbeeinträchtigung ist immer eine lästige Sache, über die sich jeder normale Mensch aufregt: Was fällt ihm oder ihr ein, mich derart zu beeinträchtigen? Erinnern Sie sich an Turbo-Tipp 3 (Ebene 1): Kontrollieren Sie Ihre Gefühle!

> *Reden Sie über Ihre Gefühle. Aber nicht in Form von Vorwürfen, sondern von Ich-Botschaften.*

Also nicht: «Du lässt mich schon wieder hängen!» Sondern eher: «Wenn ich mein Paket morgen nicht abgebe, reißt mir der Boss den Kopf ab. Du verstehst sicher, warum mich das beunruhigt.»
Fragen Sie sich: Will ich ihn oder sie zur Schnecke machen? Oder will ich lieber eine Konfliktlösung?

Frage 2: Geht es um die Sache oder um die Beziehung?
Am Etagenkopierer ist der Toner mal wieder alle. Was ist das? Eine hundertprozentige Sachangelegenheit. Als Sabine mit zwanzig Seiten Report am Kopierer steht und die Tonerstörung entdeckt, fängt sie wild zu schimpfen an. Helmut kommt vorbei und kriegt ihren ganzen Zorn ab: «Du bist doch auch einer von diesen sauberen Kollegen, die noch nie im Leben den Toner nachgefüllt haben!» Was passiert hier?

Typische Fehler
Sabine hat den Konflikt von der Sach- auf die Beziehungsebene katapultiert. Damit wird die Angelegenheit persönlich und artet in eine Schlammschlacht aus.

Das passiert Ihrer Erfahrung nach aber ständig? Gut beobachtet. Das passiert immer dann, wenn sich ein Amateur nicht richtig auf den Konflikt vorbereitet. Eine gute Vorbereitung ist:

> *Sagen Sie sich: Das ist ein Konflikt auf der ...ebene. Und auf dieser Ebene lasse ich ihn auch!*

Wie man's richtig macht

> *Lassen Sie den Konflikt da, wo er hingehört!*

Natürlich ist Sabine voll im Stress. Aber warum sagt sie das nicht (siehe Turbo-Tipp 2)? Zum Beispiel: «Ich habe in fünf Minuten ein Meeting mit dem Geschäftsführer. Ich habe keine Zeit, den Toner nachzufüllen. Bitte füll du ihn nach und kopier mir diese zwanzig Seiten. Danke.»

Dieser emotionale Klartext wirkt garantiert besser als ein Ausflug auf die Beziehungsebene à la: «Du hast dich doch noch nie um so was gekümmert! Jetzt bis du mal dran!» Denn daraufhin wird Helmut mit an Sicherheit grenzender Wahrscheinlichkeit genauso unsachlich und persönlich retournieren: «Du hast mir gar nichts zu sagen!»

Oft und gerne verlagern wir Konflikte auch von der Beziehungs- auf die Sachebene. Da Sabine den Kollegen Helmut alles andere als sympathisch findet – ein typisches Beziehungsproblem –, kürzt sie als Budgetbeauftragte des Teams einfach bei der nächsten Gelegenheit sein Projektbudget und macht aus dem Beziehungs- einen Sachkonflikt. Das erfüllt sie zwar mit Befriedigung. Den Konflikt löst sie jedoch nicht, indem sie ihn auf eine andere Ebene verschiebt.

Warum tun wir's trotzdem?

Konflikte lassen sich nur auf der Ebene lösen, auf der sie entstanden sind. Sabine müsste sich mit Helmut mal aussprechen, um ihre Antipathie zu überwinden und ihr Beziehungsproblem aus der Welt zu schaffen. Das heißt:

Machen Sie aus einem Sachproblem kein Beziehungsproblem und aus einem Beziehungsproblem kein Sachproblem!

Warum haben Konfliktamateure damit so große Probleme? Weil sie von der Sach- auf die Beziehungsebene springen möchten. Sie möchten den Konflikt lösen, indem sie den Konfliktpartner erziehen. Sabine sagt über Helmut: «Der muss endlich lernen, dass er auch mal was für andere tun muss!» Wie wird Helmut diesen Umerziehungsversuch wohl aufnehmen? Sabine würde sich doch auch dagegen wehren, von Helmut zwangserzogen zu werden. Warum also versucht sie dann bei ihm, was sie nie mit sich machen lassen würde? «Aber so ein asoziales Verhalten bringt mich voll auf die Palme!», empört sich Sabine. Logisch.

Wenn ein Konfliktpartner Sie aufregt, reagieren Sie nicht mit Erziehungsversuchen, sondern mit Turbo-Tipp 2.

Turbo-Tipp 2 (siehe Ebene 1): Reden Sie Klartext! Auch über Gefühle! Sabine kann zum Beispiel sagen: «Es regt mich wahnsinnig auf, dass ich seit Jahresbeginn den Toner dreimal nachfüllen musste. Bitte mach du das heute.»

Frage 3: Ist der Konflikt reif?
Da wir so gerne unvorbereitet in Konflikte hineinstolpern, machen wir uns auch selten Gedanken darüber, ob ein Konflikt überhaupt reif ist für ein Konfliktgespräch.

Typische Fehler
Wie bei allem im Leben ist auch bei der Konfliktbewältigung der Zeitpunkt entscheidend. Zu früh ist genauso schlecht wie zu spät. Wenn wir einen Konflikt zu früh anpacken, ist er noch nicht reif, wir haben noch nicht die richtigen Argumente dafür gefunden – oder der Leidensdruck ist noch nicht groß genug, um genügend Energie für die Lösung zu mobilisieren. Wenn wir ihn zu spät anpacken, hat er sein

Reifedatum bereits überschritten und verbreitet bereits Verwesungs-geruch.

Wie man's richtig macht
Packen Sie einen Konflikt so früh wie irgend möglich an: Solange er noch klein ist. Früh heißt jedoch nicht unreif: Wenn Sie einen Kon-flikt austragen wollen, brauchen Sie gute Argumente. Wenn Ihnen noch die geeigneten Zahlen, Daten, Fakten fehlen, um Ihren Stand-punkt überzeugend zu vertreten, ist die Zeit noch nicht reif. Warten Sie lieber noch ab und sammeln Sie in der Zwischenzeit die nötigen Belege für Ihre Argumente.

Auf die Reife eines Konflikts zu achten heißt auch: Warten Sie nicht ab, bis der andere den ersten Schritt zur Klärung tut. Machen Sie den ersten Schritt.

Vereinbaren Sie mit Ihrem Konfliktpartner einen Gesprächstermin – das ist ein guter erster Schritt. Damit geben Sie ihm die Gelegenheit, sich seinerseits vorzubereiten.

Frage 4: Wofür übernehme ich die Verantwortung?
Bleiben wir beim Kopierer. Seit drei Tagen ist der Toner mal wieder alle. Die Kolleginnen und Kollegen laufen am Kopierer vorbei, sehen das rote Warnlicht, fluchen – und gehen in die Nachbarabteilung, um an deren Kopierer zu wildern.

Typische Fehler
Keiner in der Abteilung unternimmt etwas, weil jeder glaubt, dass ein anderer dafür verantwortlich ist. Jeder ist der Überzeugung, dass ein anderer die Verantwortung übernehmen muss.

Wie man's richtig macht

Wenn Sie eine Handlungsbeeinträchtigung erleben, schieben Sie die Verantwortung dafür nicht anderen in die Schuhe!

Wer eine Handlungsbeeinträchtigung erlebt, ist auch dafür verantwortlich, etwas dagegen zu tun! Und damit ist nicht warten und hoffen und maulen gemeint. Beispiel: Der Kollege am Nebentisch telefoniert so laut, dass Sie Ihre eigenen Gedanken nicht mehr verstehen – dafür ist er verantwortlich. Aber es ihm zu sagen, dafür sind Sie verantwortlich.

Warum tun wir's nicht?

Jetzt wird auch klar, warum Konfliktamateure in Konflikten so oft unter die Räder kommen oder sich haltlos blamieren: Sie übernehmen bereits in der Vorbereitungsphase eines Konflikts nicht die Verantwortung für den Konflikt. Warum nicht?

Meist aus Angst, dass der andere sauer reagiert. Aus diesem Grund wird zum Beispiel vielen Vorgesetzten nicht gesagt, dass ihr Führungsstil manchmal daneben ist: aus Angst vor Repressalien. Das sagen auch viele Mitarbeiter expressis verbis: «Es liegt nicht in meiner Verantwortung, meinen Chef auf seine Fehler aufmerksam zu machen.» Die Folge: Der Chef nervt weiter. Natürlich haben wir alle Angst, Verantwortung zu übernehmen und den Konfliktpartner anzusprechen. Doch die Angst reduziert sich, sobald Sie sich klarmachen:

Wenn Sie möchten, dass sich etwas ändert, ist die Übernahme von Verantwortung der einzige Weg!

Und das kostet einen dann den Kopf? Wer behauptet das denn?

Nicht ins offene Messer laufen

Zur Konfliktvorbereitung gehört nicht nur, Verantwortung zu übernehmen, sondern diese auch so zu übernehmen, dass man damit nicht ins offene Messer läuft. Indem man zunächst ganz vorsichtig einsteigt: «Mir ist in der Besprechung etwas bei Ihrer Moderation aufgefallen. Möchten Sie mein Feedback dazu?»

Daraufhin kann der Chef sagen: «Nein, will ich nicht.» Ein Feedback-Angebot ist die zarteste Versuchung, seit es Kommunikation gibt. Kein Mensch reagiert darauf sauer oder reißt einem den Kopf ab. Wird das Feedback-Angebot abgelehnt, kann man immer noch auf andere Weise seiner Verantwortung gerecht werden, zum Beispiel, indem man die nächste Besprechung selbst moderiert.

Unserer Erfahrung nach wird ein Feedback-Angebot jedoch sehr selten abgelehnt. Weil die meisten Menschen und sogar Chefs mit sich reden lassen – solange dies vernünftig und im Klartext (siehe Turbo-Tipp 2) geschieht.

Wofür Sie nicht verantwortlich sind
Legen Sie bei der Konfliktvorbereitung auch klar fest, wofür Sie keine Verantwortung übernehmen. Sie übernehmen zum Beispiel die Verantwortung für das Feedback an den fehlerhaften Chef. Für sein fehlerhaftes Verhalten und dessen Beseitigung müssen und dürfen Sie nicht die Verantwortung übernehmen.

Frage 5: Was will ich?
«Ihr seid solche Schlamper! Warum kommt keiner von euch Idioten auf die Idee, mal den Toner nachzufüllen?» Sabine weiß ganz genau, was sie stört. Hilft ihr das was? Natürlich nicht. Denn weil sie alle anspricht, fühlt sich keiner angesprochen.

Typische Fehler
Sabine hat sich schlecht auf den Konflikt vorbereitet. Sie geht an den Kopierer, sieht das rote Licht – und rastet aus. Dabei hätte eine richtige Vorbereitung nur wenige Sekunden benötigt:

Sagen Sie nicht nur, was Sie stört. Sagen Sie auch, was Sie möchten. Und das bitte so konkret wie möglich.

«Sag ich doch!», mault Sabine. «Die sollen gefälligst den Toner nachfüllen!» Ist das konkret? Wer sind «die»? Konkret: Welcher Kollege soll
den Toner bis wann nachfüllen? «Das weiß ich doch nicht», meint
Sabine. Warum nicht? Weil sie es sich nicht überlegt hat. Sie hat sich
nicht richtig vorbereitet. Konstruktiv wäre, dieses Thema bei der
nächsten Besprechung, nach einer guten Vorbereitung, auf den Tisch
zu bringen.

Wie man's richtig macht

*Sie brauchen innere Klarheit, um sich in einem Konflikt durchzuset-
zen, und fragen sich: Was will ich wirklich?*

Zu dieser inneren Klarheit gehört, dass Sie herausfinden,
- was Sie von wem bis wann in welcher Form und welchem Ausmaß
  zu welchem Zweck benötigen,
- worüber Sie sprechen wollen,
- worüber nicht,
- in welchen Punkten Sie eventuell nachgeben könnten,
- was überhaupt Ihre Interessen sind,
- mit welcher Lösung Sie zufrieden wären,
- welches Ihr Minimalziel, Ihre Schmerzgrenze ist,
- was Sie tun, wenn das Minimalziel verfehlt wird.

Warum machen wir so selten diese Vorabklärung? Weil wir uns provozieren lassen oder den Konflikt schnell hinter uns bringen wollen,
nachdem wir uns vorher lange genug vor ihm gedrückt haben. Noch
einmal:

Wer im Konflikt die Nerven verliert, verliert.

Wenn Sie sich vor lauter Ungeduld in den Konflikt stürzen wollen –
widerstehen Sie der Versuchung. Wenn Sie unvorbereitet in einen
Konflikt gehen, tun Sie nur einem einen Gefallen: Ihrem Konfliktgeg-

ner. Es ist selbst für Amateure ein Kinderspiel, einen unvorbereiteten Konfliktgegner in die Tasche zu stecken.

Was wollen Sie wirklich?

«Was wollen Sie in einem Konflikt erreichen?» Diese Frage hört sich supertrivial an. Leider ist sie es nicht. Ein Beispiel dazu.

Thea ist sauer auf Ivo, weil dieser ihr noch immer nicht die fünfzig Euro zurückgegeben hat, die sie ihm neulich geliehen hat. Im Konfliktcoaching füllt sie unter «Was ich will» aus: «Dass er mir endlich das Geld zurückgibt!» Das tut er prompt und meint: «Du, ich hab das einfach glatt vergessen!» Konflikt glücklich gelöst! Warum ist Thea dann immer noch sauer auf Ivo?

Weil es eigentlich nicht nur die fünfzig Euro waren, die Thea wollte. Im Grunde wollte sie, dass er sich bei ihr entschuldigt. Das hat er nicht getan. Weil sie ihn nicht darauf ansprach. Weil sie nicht gründlich genug darüber nachdachte, was sie eigentlich vom Konflikt will. Weil sie sich nicht richtig vorbereitet hat.

Was wollen Sie vom Konfliktpartner? Und was wollen Sie eigentlich wirklich von ihm?

Das sollten Sie herausfinden, bevor Sie sich in den Konflikt stürzen.

Frage 6: Was ist drin?

Max will 200 Euro mehr vom Chef. Der Chef lehnt ab. Max ist sauer. Blöder Chef? Nein, es liegt eher an Max.

Typische Fehler

Max hat sich schlecht vorbereitet auf seinen Gehaltskonflikt. Er hat sich bei seiner Konfliktvorbereitung nicht gefragt: Was ist überhaupt drin? Darauf haben er und sein Chef sich geschlagene zwei Stunden lang gestritten, um jeden Euro gefeilscht – ohne etwas zu erreichen. «Es ist einfach nicht mehr drin», sagt Max. Das ist Unfug, wie sich schnell herausstellt.

Seine Kollegin Eva nämlich bekommt ebenfalls keine Gehaltserhöhung – doch sie kriegt einen Firmenwagen, der umgerechnet mehr als 200 Euro Gehaltserhöhung bedeutet. Max hat fast einen Infarkt: «Warum haben Sie mir das nicht gegeben?» – «Weil Sie Dummkopf mit mir nur über mehr Knete verhandelt haben», sagt der Chef zu ihm. «Woher hätte ich wissen sollen, dass Sie auch mit einem Firmenwagen zufrieden sind?»

Wie man's richtig macht

Streiten Sie sich im Konflikt nicht über das einzige Stück Kuchen – vergrößern Sie den Kuchen.

Fragen Sie sich: Was will ich? Und was ist sonst noch da, das ich gut gebrauchen könnte? Je größer Ihre Verhandlungsmasse, desto eher gehen Sie als Gewinner aus dem Konflikt – Ihr Konfliktpartner übrigens auch. Je mehr Optionen Sie sich ausdenken, umso besser.

Verfolgen Sie das Brainstorming-Prinzip: Denken Sie in alle Richtungen!

Warum so borniert?
In den meisten Konflikten wird der Kuchen nicht vergrößert. Im Gegenteil. Die Kontrahenten streiten sich um das einzige Kuchenstück wie zwei Straßenköter um den letzten Knochen. Beide können dabei nur verlieren. Wie können Menschen so blind sein? Das ist eine Frage der Einstellung.

«Was ich gewinne, musst du verlieren!» Wer mit dieser Einstellung in einen Konflikt geht, ist blind für den größeren Kuchen, weil er sich nur auf das kleine Kuchenstück kapriziert. Eine bessere Einstellung ist:

Was kann ich fordern, was den anderen nicht so viel kostet, aber mir viel bringt?

So denkt Eva und bekommt einen Firmenwagen. Ihr bringt das viel, und der Chef kann ihn abschreiben. Evas Chef ist nicht doof. Er ist lösungsorientiert:

> *Was kann ich geben, was mich nicht viel kostet, dem anderen aber viel bringt?*

Da beide so denken, ist Evas Gehaltsgespräch in 20 Minuten durch. Daraus ergeben sich interessante Erkenntnisse:

- Erfolg in Konflikten ist eine Sache der Einstellung (wie alles im Leben).
- Konflikte sind nicht deshalb langwierig und stressig, weil sie an sich langwierig und stressig sind,
- sondern immer nur dann, wenn Konfliktpartner sich nicht genügend vorbereiten und den Kuchen vergrößern.
- Antagonistische Einstellungen («Ich gewinne, du verlierst») lassen den Konflikt eskalieren und verlängern ihn.
- Kooperative Einstellungen auf beiden Seiten verkürzen Konflikte.

Frage 7: Kann ich mit dem Worst Case leben?

Frank hat Krach mit einem Kunden. Er denkt: «Wenn er bloß nicht abspringt! Mit allem anderen könnte ich leben.» Wie beurteilen Sie Franks Konfliktaussichten? Er wird den Konflikt verlieren. Garantiert. Warum?

Typische Fehler

Frank hat sich – obwohl er Kundenberater und Diplomingenieur ist und auf Dutzenden Trainings war – miserabel auf den Konflikt vorbereitet. Er hat sich zwar alle Sachargumente zurechtgelegt, doch seine Vorbereitung weist an einer entscheidenden Stelle eine Lücke auf. Und die bricht ihm das Genick: Frank kann nicht mit dem Worst Case leben.

Wenn Sie nicht mit dem Worst Case leben können, verlieren Sie immer, weil Sie erpressbar sind.

Sobald der Kunde bemerkt – und das tun Konfliktpartner immer –, wo Franks wunder Punkt ist, erpresst er ihn gnadenlos: «Wenn Sie mir in diesem Punkt nicht entgegenkommen, gehe ich zur Konkurrenz!» Als der Kunde bemerkt, wie gut das funktioniert, zieht er Frank Punkt für Punkt über den Tisch. Das Blöde ist: Es spricht sich im Markt herum, dass Frank ein Weichei, ein Umfaller ist. Wird er bald von allen seinen Kunden ausgenommen wie eine fette Weihnachtsgans?

Wie man's richtig macht

Bevor Sie in einen Konflikt gehen, bedenken Sie den Worst Case:

Was könnte im schlimmsten Fall passieren? Wie kann ich damit leben?

Malen Sie sich das Allerschlimmste aus, das eintreten könnte. Atmen Sie tief durch und bewältigen Sie den antizipierten Schock. Und dann überlegen Sie sich, wie Sie damit zurechtkommen könnten. Frank zum Beispiel sinniert: «Auch der nächste Großkunde macht jetzt Ärger. Wenn der auch mit Absprung droht … Okay, dann muss ich eben mit vier, fünf neuen mittelgroßen Kunden auf meine Umsatzziele kommen. Dann ochse ich ein halbes Jahr wie verrückt, aber danach habe ich meinen Umsatz wieder.»

Mit diesem Worst-Case-Szenario geht Frank in das Konfliktgespräch. Als der Großkunde tatsächlich mit Absprung droht, zuckt Frank bloß mit den Schultern: «Das täte mir leid. Ich schätze Sie als Kunde. Aber wenn Sie glauben, dass Sie woanders besser bedient werden …» Der Kunde reagiert verdutzt. Seine ultimative Drohung zieht nicht mehr. Jetzt dreht Frank den Spieß sogar um: «Tut mir leid. In diesem Punkt kann ich nicht weiter nachgeben. Wenn Sie glauben, dass Sie woanders bessere Konditionen bekommen …»

Entspannt verhandeln

Was wir daraus lernen können:

- Wenn Sie nicht mehr erpressbar sind, erzielen Sie nicht nur dramatisch bessere Verhandlungsergebnisse.
- Sie können innerlich ganz locker und stressfrei verhandeln – denn es kann Sie keiner mehr mit dem Worst Case erpressen!
- Es stärkt Ihre Konfliktposition ungemein, wenn Sie den Worst Case im Blick und im Griff haben.
- Die Angst vor Konfliktgesprächen und vor allem vor einem drohenden Misserfolg löst sich in entspanntes Wohlgefallen und Gelassenheit auf, sobald Sie den Worst Case innerlich durchgespielt und gesehen haben, dass Sie auch das überleben können.

Sagen Sie sich: Ich werde im Konfliktgespräch alles Menschenmögliche tun, um den Worst Case zu verhindern. Tritt er trotzdem ein, komme ich auch damit zurecht.

Das gilt nicht nur für Konflikte. Auch in allen anderen Fragen des Lebens werden wir unglaublich ruhig und souverän, sobald wir uns konstruktiv mit dem schlimmsten Fall auseinandergesetzt und eine Notstrategie zur Verfügung haben.

Wie führen Sie ein Konfliktgespräch?

Seminarteilnehmerinnen und -teilnehmer erzählen uns immer wieder, wie unglaublich sicher sie sich nach einer guten Konfliktvorbereitung (siehe oben) fühlen. Doch danach taucht regelmäßig ein neues Problem auf: Wie führe ich denn nun ein Konfliktgespräch? Was ist der erste, was der zweite Schritt?

Im Seminar erzählen uns Teilnehmerinnen und Teilnehmer oft von ihren Konflikterlebnissen: «Wir haben drei Stunden lang im Kreis herum geredet. Und es ist dabei so gut wie nichts herausgekommen!»

Wer sich im Kreis bewegt, dem fehlt die richtige Struktur.

Die «richtige» Struktur, die wir unten aufgeführt haben, kennen Sie vielleicht. Sie ist bekannt und einfach. Weil nur das Einfache in der Praxis funktioniert:

- Phase 1: Locker und direkt einsteigen
- Phase 2: Der eine redet, der andere hört zu, fasst zusammen, Korrektur
- Phase 3: Der andere redet, der eine hört zu, fasst zusammen, Korrektur
- Phase 4: Gemeinsamkeiten und Unterschiede analysieren
- Phase 5: Die Suche nach der Lösung
- Phase 6: Die eigentliche Verhandlung
- Phase 7: Vereinbaren Sie!
- Phase 8: Abschluss

Betrachten wir diese hilfreiche Struktur für ein gelungenes Konfliktgespräch Phase für Phase.

Phase 1: Locker und direkt einsteigen

Viele Konfliktgespräche scheitern schon, bevor über den eigentlichen Konflikt überhaupt gesprochen wurde: bei der Eröffnung.

Typische Fehler

«Also hören Sie mal, das muss künftig folgendermaßen laufen …!» Was ist das? Ein Gesprächseinstieg der Marke «Mit der Tür ins Haus fallen». Solche konfrontativen Eröffnungen reichen bis zum gegenseitigen Anschreien. Das andere Extrem ist die Weichspüler-Ouvertüre: Man macht erst mal Small Talk, schmiert dem anderen Honig ums Maul – und sagt ihm danach im eigentlichen Konfliktgespräch, was er alles falsch macht. Da muss sich selbst der naivste Gesprächspartner veräppelt vorkommen.

Weder Konfrontation noch Small Talk taugen als Einstieg.

Wie man's richtig macht

Kommen Sie ohne Umschweife freundlich und direkt zum Punkt. Zum Beispiel: «Ich möchte mit Ihnen über … (wertungsfreie, sachliche Nennung) reden.» So einfach ist das? Ja. Wer Konflikte unnötig verkompliziert, ist selbst schuld.

Was einen guten Einstieg auszeichnet:
- Vertrauen schaffen
- Zur Verantwortung einladen
- Struktur vereinbaren
- Direkt und freundlich zum Punkt kommen

Vertrauen schaffen

Ohne Vertrauensbasis kommt keine vernünftige Lösung zustande. Wie schafft man Vertrauen? Indem man Gemeinsamkeiten betont, insbesondere emotionale. Zum Beispiel mit folgendem Satz: «Es ärgert Sie doch auch, dass … Also lassen Sie uns darüber reden.» Wenn der andere in den Konflikt einsteigt, können Sie seine Sichtweise bestätigen: «Ja, so geht es mir auch mit dieser leidigen Sache.»

Sie können es auch ganz formal machen: «Ich möchte, dass wir gemeinsam eine Lösung finden, mit der wir beide zufrieden sein können.» Ist das lediglich sozialromantische Weichspülerei? Viele naturwissenschaftlich vorbelastete Zeitgenossen sind dieser Ansicht und lassen die Vertrauensbildung weg. Ein böser Fehler:

> *Wenn Sie Vertrauen schaffen, signalisieren Sie dem Partner, dass Sie ihn nicht über den Tisch ziehen wollen. Deshalb wird er weitaus weniger konfrontativ in den Konflikt gehen, was Sie weitaus weniger Zeit und Nerven kostet!*

Zur Verantwortung einladen

Sie haben das sicher schon erlebt: Sie wollen einen Konflikt aus der Welt schaffen, doch der Konfliktpartner stellt sich quer. Sie: «Wir sollten dringend über die Probleme in Projekt X reden.» Er: «Wieso? Ist doch alles im grünen Bereich!»

Wenn der Konfliktpartner sich nicht auf den Konflikt einlässt, kommen Sie nicht weit.

Bringen Sie ihn zurück in seine Verantwortung. Zum Beispiel so: «Ich sehe meine Verantwortung bei dieser Angelegenheit darin, dass ich … Worin sehen Sie Ihren Anteil an der Verantwortung?» Wer hartnäckig fragt, kriegt irgendwann immer eine befriedigende Antwort.

Struktur vereinbaren

In Turbo-Tipp 5 (siehe Ebene 1) haben wir gesehen, wie wichtig ein roter Faden für den Erfolg eines Konfliktgesprächs ist. Dieser Faden spinnt sich nicht von allein. Es ist auch nicht gut, wenn nur Sie ihn kennen und verfolgen. Nehmen Sie den Partner mit ins Boot und schlagen Sie ihm vor, das Gespräch gemäß den Phasen 2 bis 8 zu strukturieren. «Ich würde folgendes Vorgehen vorschlagen. Zunächst stellt jeder seine Sichtweise der Dinge dar, dann … Was halten Sie davon?»

Die Kraft des roten Fadens verhindert ausufernde Diskussionen, verbale Schlammschlachten, Ausweichen auf Nebenkriegsschauplätze und das ewige Sich-im-Kreise-Drehen.

Direkt und freundlich zum Punkt kommen

Das Thema, der Konfliktgegenstand, wird mit einem Satz angesprochen: «Es geht um … und Ziel ist …» Anschließend wird entschieden, wer als Erster seine Sichtweise schildert. Häufig stellt sich die Frage: Wer fängt denn nun an? Er oder ich?

Seien Sie höflich: Lassen Sie dem anderen den Vortritt. Es sei denn, er ist sehr schüchtern, gehemmt oder unerfahren. Dann gehen Sie voran und zeigen, wie's gemacht wird.

Phase 2: Der eine redet, der andere hört zu, fasst zusammen, Korrektur

Typische Fehler

Nachdem wir den Konflikt lange genug vor uns hergeschoben und ihn erfolgreich verdrängt haben, muss es nun sein. Also nehmen wir unseren Mut zusammen, überwinden mit Anstrengung die Hemmschwelle und nehmen uns die andere Seite zur Brust. Das machen wir oft unter innerem Druck, mit gepresster Stimme und überzogen. Für den anderen wird der Konflikt schwer nachvollziehbar, vor allem, wenn die ersten Sätze schon Angriffe und Unsachlichkeiten enthalten. Häufig wird auch um den heißen Brei herumgeredet. Mit viel Weichspüler und mit viel Geduld wird der Konfliktkern umrundet. Konsequent wird der Abstand immer wieder vergrößert, sobald eine Annäherung stattgefunden hat.

> *Wir schießen Menschen zum Mond und spalten das Atom. Doch fair streiten können wir nicht.*

Wie man's richtig macht

Wir sind uns innerlich im Klaren und bringen diese Klarheit folgendermaßen auf den Tisch:
- Rahmen geben
- Realistische Forderungen stellen
- Auf Fragen eingehen
- Zusammenfassung (des Partners) korrigieren und bestätigen

Dabei beachten:
- Fakten, Interpretationen und Gefühle trennen
- Ich-Botschaften verwenden
- Beziehung nicht unnötig belasten
- Zuhörerorientiert formulieren (Wortwahl, Begriffe)
- So ausführlich wie nötig, so kurz wie möglich

Wir sind offen. Wir öffnen uns, damit die Dinge auf den Tisch kommen. Alles, was ich sage, muss subjektiv wahr sein. Aber ich muss nicht alles sagen, was ich denke und fühle. Siehe Turbo-Tipp 4.

Rahmen geben

Wir arbeiten das gemeinsame Ziel, die gegenseitige Abhängigkeit, die bisherigen guten Erfahrungen und die (eigene) positive Absicht als Rahmen für die Konfliktlösung heraus. Dadurch stärken wir auf beiden Seiten die konstruktive Einstellung und die Lösungsorientierung. Dies geschieht im 4-Klang:

1. Das sind die Tatsachen, Vorkommnisse, Beobachtungen (ZDF-Zahlen, Daten, Fakten).
2. So wirkt das auf mich. So geht's mir damit.
3. Daraufhin hätte ich Folgendes gern von ihnen. Daraufhin habe ich folgende Forderung(en).
4. Wie stehen sie dazu?

Tipp: immer nur ein Thema bearbeiten und nicht springen: «Und außerdem hast du noch …»

Fakten und Gefühle trennen

Der andere wird Ihnen viel besser zuhören können, wenn Sie Tatsachen, Vermutungen und Interpretationen auseinanderhalten und alle drei von Gefühlsäußerungen unterscheiden können. «Der Ansaugstutzen ist fünf Zentimeter zu kurz konstruiert. Damit schaffen wir die Abgasnorm doch nie! Das ist doch alles wieder voll zum Kotzen!» Wie reagieren Konfliktamateure darauf? Mit Zurückschlagen: «Sie haben doch keine Ahnung! Die Konstruktion ist einwandfrei!» Die Folge: Eskalation. Wer Tatsachen von Vermutungen und beide von Gefühlen trennen kann, hört die drei Sätze oben anders: Im ersten hört er eine Tatsache, im zweiten eine Vermutung und im dritten ein Gefühl.

Wenn Sie dem Partner zuhören, fragen Sie sich: Was weiß er? Was vermutet er? Und welche Gefühle lösen Wissen und Vermutungen bei ihm aus?

Danke!

Sie können sich gar nicht oft genug beim Konfliktpartner bedanken:
- «Danke, dass Sie sich die Zeit nehmen.»
- «Danke für die präzise Schilderung Ihrer Sichtweise.»
- «Danke, dass Sie mir hier entgegenkommen.»
- «Danke für die zügige Einigung.»
- «Danke für die klare Vereinbarung.»
- «Danke für diesen Hinweis.»
- «Danke für Ihr Feedback.»

Bedanken Sie sich in jeder Gesprächsphase für jeden konstruktiven Hinweis des Partners.

Sie können sich auch für destruktive Hinweise bedanken. Das ist die perfekte Deeskalation: «Mit Ihrer exorbitanten, realitätsfremden Frästoleranz schaffen wir die Qualitätsvorgaben nie!» – «Danke für den Hinweis auf die Toleranz. Wie stark weicht sie denn von Ihren Vorstellungen ab?»

Phase 3: Der andere redet, der eine hört zu, fasst zusammen, Korrektur

Typische Fehler

Es ist jedem klar, dass im Konfliktgespräch alle Parteien ihre Sichtweise äußern. Das ist nicht das Problem. Das Problem ist: Keiner hört zu! Kaum sagt A was, fällt B ihm mit einem Aufschrei ins Wort: «Alles gar nicht wahr! Gelogen! Sauerei!»

Wenn ich eh schon weiß, was los ist, brauche ich nur noch mitzukriegen, wo ich ansetzen kann. Ein Schlüsselwort reicht.

Aber ist es nicht unheimlich schwer, stillzuhalten, wenn der andere die dicksten Lügen über einen verbreitet? Stimmt, doch exakt dafür hat das Konfliktmanagement jede Menge so genannter Dissoziationstechniken entwickelt. Das heißt: Wir gehen auf Maximaldistanz.

Wie man's richtig macht

Wenn der andere Unfug erzählt und Sie kaum an sich halten können, versuchen Sie es doch mal mit: Verständnis.

Fragen Sie sich: Warum erzählt er wohl solche haarsträubenden Geschichten? Die Gründe sind immer dieselben:
- Er hat Angst, unter die Räder zu kommen. Deshalb lügt er. Sie sollten mit einem, der Angst hat, eher Mitleid haben, als ihn zur Schnecke zu machen. Das tut ihm gut – und Ihnen auch, denn: Wer Mitgefühl mit dem Partner hat, hört ihm eher aktiv zu.
- Der Konflikt geht ihm so an die Nieren, dass er sich nicht mehr beherrschen kann. Auch das erfordert eher Mitleid als den thermonuklearen Verbalgegenschlag.

Warum zeigen wir so selten Verständnis? Weil wir unsererseits natürlich Angst haben, unsere eigene Position zu schwächen, wenn wir den Horrorgeschichten des Partners nicht vehement widersprechen. Das ist eine berechtigte Angst, aber eben nur eine Angst.

Wer zurückschlägt, fühlt sich vielleicht kurzfristig besser. Doch wer den Mund hält und aktiv zuhört, löst den Konflikt.

Durch Zurückkeulen ist noch nie ein Konflikt gelöst worden. Erinnern Sie sich immer wieder an Turbo-Tipp 3: Halten Sie Ihre Gefühle auf ruhigem Kiel! Bleiben Sie offen und nehmen Sie auf, was der andere sagt. Akzeptieren Sie es als seine Meinung. Gegenpol: selektives Weghören. Was Sie nicht brauchen können, ignorieren Sie einfach.

Inhalte akzeptieren, die Form tolerieren

«Der Chef hat mir den Report um die Ohren gehauen, und daran sind nur Sie mit Ihren falschen Zahlen schuld!» Wenn Ihnen einer so etwas um die Ohren haut, was sagen Sie ihm darauf? Die Meinung. Und nicht zu knapp. Was sagt er daraufhin? Noch etwas Fieseres, worauf Sie … und so weiter.

Wenn Sie auf jede Provokation reinfallen, kommen Sie nie ans Konfliktziel.

Was hat der unhöfliche Kollege von eben inhaltlich gemeint? Dass der Chef mächtig unzufrieden war und dass seiner Meinung nach Ihr Zahleninput daran schuld ist. Das ist der Inhalt seiner Aussage. Die Form seiner Aussage ist indiskutabel – deshalb sollten Sie diese auch gar nicht diskutieren.

Lernen Sie, nur auf den Inhalt zu hören und die Form innerhalb einer vernünftigen Schmerzgrenze souverän zu tolerieren.

Verbal zurückzuschlagen haben Sie nicht nötig. Sie sind nicht an billiger Rache interessiert. Sie wollen etwas viel Besseres: die Konfliktlösung.

Verstehen bis zum Anschlag

Sie können einen Konflikt nur lösen, wenn Sie den Partner verstehen. Und zwar uneingeschränkt. Sie verstehen aber die Hälfte von dem wirren Zeug nicht, das Ihr Partner im Konflikt von sich gibt? Stimmt, das ist die übliche Quote. Was tun?

Stellen Sie so lange Verständnisfragen, bis sich das Verständnis einstellt.

Selbst das ist noch nicht genug. Es reicht erst, wenn Sie Ihr Verständnis seiner Sichtweise überprüft haben. Mit der Zusammenfassung in eigenen Worten: «Danke für Ihre Sichtweise. Bei mir ist Folgendes angekommen: ... (Höchstens drei bis fünf Sätze! Keine Romane! Keine Wertungen! Keine eigenen Zusätze einschmuggeln!) Entspricht das dem, was Sie mir vermitteln möchten?» Meist ist die Antwort ein klares Jein: Dann stimmen Sie sich so lange ab, bis Sie ihn vollständig verstanden haben. Uns ist klar, was Sie jetzt einwenden werden: Dafür haben Sie doch gar nicht die Zeit! Allerdings:

Jede Minute, die Sie vorne für die Verständnisklärung «opfern», spart Ihnen hinten zehn Minuten an Missverständnissen, Eskalation und Karussellgerede.

Verständnis ist keine Verschwendung von Zeit oder lediglich «nice to have», sondern eine bitter nötige Investition in Ihren Konflikterfolg.

Es gibt keine Konfliktlösung ohne Verständnis.

Warum bemühen wir uns so selten um Verständnis für unseren Konfliktpartner? Weil wir sauer auf ihn sind. Ist das der Fall, hilft Turbo-Tipp 3 weiter (Sie erinnern sich inzwischen – es ist der am häufigsten wiederholte Tipp in diesem Buch). Ein weiterer Grund für mangelndes Verständnis ist die häufig anzutreffende Einstellung: «Er oder ich – es kann nur einen geben! Der eine gewinnt und der andere verliert!» Wenn Sie damit glücklich werden – bitte. Wenn Ihnen die stundenlangen Schlammschlachten, die diese Einstellung provoziert, inzwischen mächtig auf den Senkel gehen, dann versuchen Sie es doch einfach mal probehalber mit Verständnis. Der Erfolg wird Sie schnell überzeugen.

Absicht klären, positives Anliegen suchen
Was reden Konfliktpartner in der Regel? Wirres Zeug. Warum? Weil sie im Gegensatz zu Ihnen nicht die Vorbereitungsfragen 1 bis 7 (siehe oben) bearbeitet haben. Deshalb können Sie Ihr Konfliktgespräch erheblich erleichtern und beschleunigen, wenn Sie dem anderen zu einer nachträglichen Vorbereitung verhelfen:

Helfen Sie dem Partner, seine Konfliktabsicht zu erkennen: Was will er eigentlich?

«Ich habe keine Ahnung, was er will – das macht doch alles keinen Sinn, was er da redet!» Das hören wir oft. Das ist aber leider unmöglich, da kein Mensch, noch nicht einmal ein Tier, etwas macht, das keinen Sinn ergeben würde – für ihn. Ihre Aufgabe ist es, diese positive Absicht des Partners herauszufinden. Wie? Richtig, indem Sie fragen. Wenn Sie die positive Absicht des Partners erkennen, verschaffen Sie sich einen Riesenvorteil:

An die positive Absicht des Partners können Sie ankoppeln. Die Absicht können Sie verstehen – und dieses Verständnis erleichtert Ihnen die Konfliktlösung. Beispiel: Die positive Absicht des Mitarbeiters, der Teamergebnisse gefälscht hat, war vielleicht, dass er das Team vor Kritik schützen wollte. Das Mittel (Fälschung) war falsch gewählt, das Anliegen aber ehrenwert.

Phase 4: Gemeinsamkeiten und Unterschiede analysieren
Typische Fehler
Diese Phase vergessen Anfänger oft. Sie werfen sich in Phase 2 und 3 gegenseitig ihre Sicht der Dinge an den Kopf. Danach feilschen sie wie die Bazarhändler um eine Lösung. Das scheitert meist oder dauert viel zu lange. Warum?

Bevor Sie über eine Konfliktlösung reden, sollten Sie den Konflikt erst mal gemeinsam analysieren.

Vor der Therapie kommt nämlich immer erst die Diagnose.

Wie man's richtig macht
Klären Sie gemeinsam:

- Wo liegen bei den beiden Sichtweisen der Situation unsere Gemeinsamkeiten? Was sehen wir beide gleich oder ähnlich?
- Wo liegen die Unterschiede?

Entdeckte Gemeinsamkeiten verbinden und verkürzen das Konfliktgespräch.

Beide Partner erkennen: «Hey, wir sind ja gar nicht so weit voneinander entfernt! Wir haben mehr gemeinsam, als wir dachten!» Was aber fangen Sie mit den Unterschieden an?

Mit Unterschieden umgehen

Unterschiede in den Sichtweisen sind nicht gottgegeben, sie lassen sich beeinflussen. Ganz einfach dadurch, dass man nochmals darüber redet, sich erklärt, seine Sichtweise näher erläutert. Ein Beispiel dazu.

Fred hat über den Kopf seines Abteilungsleiters hinweg ein Vorstandsmitglied über ein Projekt informiert. Der Abteilungsleiter kocht, weil er übergangen wurde. Fred dagegen meint: «Er ist der Auftraggeber, also berichte ich auch direkt an ihn.» Unterschiedlicher könnten die Sichtweisen also nicht sein. Schlagen sich die beiden deshalb die Köpfe ein? Mitnichten.

Fred erklärt, dass er dem Vorstandsmitglied auf dem Gang über den Weg lief und von ihm ausgefragt worden sei: «Wie hätte ich mich diesem Wunsch widersetzen können?» Der Abteilungsleiter sagt: «Versteh ich schon – aber informieren Sie mich doch wenigstens danach. Damit ich nicht dastehe wie der letzte Depp, der den Schuss nicht gehört hat!»

Wer vernünftig, das heißt im Klartext über unterschiedliche Sichtweisen miteinander redet, kann Unterschiede meist auflösen.

Aber wenn das mal nicht gelingt? Wenn zum Beispiel ein Frischluftfanatiker im Großraumbüro sitzt, der ständig die Fenster aufreißt und

49

damit alle anderen dem Erfrierungstod aussetzt und keine Annäherung der Sichtweisen zu erreichen ist?

Wenn Sie Unterschiede in der Sichtweise der Dinge einmal trotz allen Bemühungen nicht auflösen können, gehen Sie wenigstens vernünftig damit um.

«We agree to disagree», sagen die Engländer. Wir kommen darin überein, in diesem Punkt nicht übereinzukommen – also was fangen wir damit an? Wie können wir mit den unvereinbaren Standpunkten halbwegs klarkommen? Der Frischluftfanatiker zum Beispiel erklärt sich bereit, nur jede Stunde für fünf Minuten die Fenster aufzureißen. In dieser Zeit gehen die akut Erfrierungsgefährdeten auf die Toilette.

Phase 5: Die Suche nach der Lösung
Typische Fehler
Wenn Menschen «die Lösung» suchen, feilschen sie oft wie die Verrückten um ein bestimmtes Ergebnis. Sie streiten um jeden Cent. Stundenlang. Und übersehen, dass eine viel bessere Lösung gleich nebenan liegt.

Oft werden wir gefragt: «Was ist die Lösung für unseren Konflikt?» Das impliziert, dass es nur eine einzige Lösung gibt. Dem ist aber nicht so.

Wenn Sie die falsche Frage stellen, kriegen Sie die falsche Antwort.

Wie man's richtig macht

Suchen Sie nicht «die Lösung». Listen Sie vielmehr so viele Lösungsmöglichkeiten auf, wie Sie gemeinsam finden können.

Das ist wörtlich gemeint: Machen Sie eine Liste. Am besten am Flipchart oder mit einer anderen großflächigen Visualisierung. Denn ab drei Lösungsmöglichkeiten kann ein normaler Mensch so eine Liste

meist nicht im Kopf behalten. Je mehr Lösungsmöglichkeiten Sie auf-
listen, desto schneller finden Sie die Ideallösung. Sie ersparen sich
dadurch auch das übliche leidige Feilschen um Millimeter: Wer aus
dem Vollen schöpfen kann, braucht nicht um Peanuts zu feilschen.

Listen Sie die Lösungen nach dem Brainstorming-Prinzip auf.

Das heißt: Nicht sofort kommentieren oder gar verwerfen, wenn der
Partner einen Vorschlag macht. Das Prinzip lautet: Jeder Vorschlag ist
erst mal ein guter Vorschlag. Die Bewertung der Vorschläge machen
wir später (nämlich in Phase 6). Natürlich erfordert es etwas Diszip-
lin, die manchmal seltsamen Vorschläge eines Partners nicht sofort
entsprechend zu kommentieren. Erinnern Sie sich an Turbo-Tipp 3:
Lassen Sie nicht zu, dass die Gefühle mit Ihnen durchgehen. Wie lang
sollte diese Liste der Lösungen sein? Wie lange sollten Sie suchen?
Ganz einfach: Bis Sie beide nichts mehr finden.

Diese Phase ist entscheidend für die Konfliktlösung. Denn je mehr
Lösungsoptionen Sie zusammenbekommen,
- desto stärker erkennen Sie: Bei dieser Menge an Lösungen fällt uns
  eine Einigung sicher leicht!,
- desto lockerer und souveräner werden Sie,
- desto entspannter und ohne Druck können Sie verhandeln,
- desto besser wird die Stimmung,
- desto entspannter wird auch der Konfliktpartner,
- desto schneller können Sie den Konflikt lösen.

Lösungsorientierung

Was passiert in dieser Phase häufig? Dass Konfliktpartner ausbrechen
und wieder über den Konflikt an sich zu jammern beginnen: «Das ist
alles so schrecklich und belastend, und Sie sind an allem schuld!»

*Bringen Sie sich, den Partner und das Konfliktgespräch sanft wieder
zur Lösung zurück.*

Das nennt man Lösungsorientierung. Zum Beispiel: «Ja, das ist wirklich alles sehr belastend. Welche Lösungsmöglichkeiten fallen uns noch ein?» Lösungsorientierung bedeutet nicht, nur über Lösungen zu reden. Lösungsorientierung bedeutet, dass Sie immer wieder zur Lösungssuche zurückfinden, diese konsequent im Auge behalten und zum Abschluss bringen.

Phase 6: Die eigentliche Verhandlung

Jetzt dürfte auch klar sein, warum so viele Konfliktgespräche in der Praxis scheitern: Wer sofort mit der Verhandlung beginnt, scheitert automatisch. In einem erfolgreichen Konfliktgespräch kommt die Verhandlung erst ganz hinten, an sechster Stelle.

Typische Fehler

Wie verhandeln wir normalerweise? Indem wir versuchen, der oder die Stärkere zu sein, den Partner zu unserer Sichtweise zu bekehren. Denn:

Der Stärkere setzt sich durch! Wirklich?

Natürlich nicht. Denn was passiert, wenn Sie versuchen, der Stärkere zu sein? Setzen Sie sich durch? Nein, Sie provozieren heftigen Widerstand, weil der Partner natürlich nicht der Schwächere sein möchte. Er rüstet auf. Er schlägt zurück. Er möchte seinerseits der Stärkere sein. Bei diesem Wettrüsten verlieren beide.

Jedes Streben nach Überlegenheit stiftet auf der anderen Seite das Gefühl der Unterlegenheit – und das führt sofort zur Gegenwehr.

Wie man's richtig macht

Streben Sie nicht Überlegenheit an, sondern Gleichwertigkeit.

Begegnen Sie dem Partner auf Augenhöhe. Wir wissen, dass das für manche eine ungeheure Umgewöhnung ist, ein Paradigmenwechsel. Wer es bislang gewohnt war, mit harter Faust und allerlei Tricks Konflikte zu managen (und sich dabei ärgerte und viele Feinde schaffte), dem fällt es schwer, sich umzustellen. Aber nur am Anfang. Schon bei den ersten Versuchen werden Sie nämlich erleben, dass Konfliktpartner sehr viel umgänglicher sind, wenn Sie sie nicht unterbuttern, sondern auf Augenhöhe behandeln. Das heißt nicht, dass Sie jetzt zum totalen Weichei werden sollen. Weich sollen Sie lediglich zum Menschen sein.

Weich zum Menschen, hart in der Sache

Jeder kennt das berühmte Harvard-Prinzip. Es heißt:

Verfolgen Sie Ihre Sache mit aller gebotenen Zielstrebigkeit. Aber behandeln Sie den Menschen rücksichtsvoll und wertschätzend.

Konkret bedeutet das:
- Argumentieren Sie hart auf der Sachebene – aber halten Sie die Beziehungsebene sauber.
- Schützen Sie das Selbstwertgefühl des Konfliktpartners. Lassen Sie Ihn sein Gesicht wahren.

Seien Sie abwehrstark

Machen Sie den ersten Schritt. Dann schauen Sie: Was macht der Partner? Kommt er mir auch einen Schritt entgegen? Dann machen Sie den zweiten. Tut er das nicht, machen unerfahrene Konfliktmanager oft den zweiten und dritten und … Immer mit dem Hintergedanken: Wann ist es denn endlich genug? Wann kommt er mir denn endlich auch entgegen? Antwort: Nie.

Wer zwei Schritte ohne Gegenleistung macht, wird ausgenommen.

In Verhandlungen gilt das Prinzip: Zug um Zug. Wenn der Partner sich nicht bewegt, stehen auch Sie still, verschränken die Arme vor der Brust und warten. Halten Sie das aus. Denn jetzt ist der Partner am Zug.

Phase 7: Vereinbaren Sie!

Selbst in dieser späten Phase scheitern viele Konfliktgespräche. Man ist so froh, endlich eine Lösung gefunden zu haben, dass man sich die Hand gibt und schnell ein Bier trinken geht. Immer ein Fehler. Nicht das Bier, sondern das übereilte Händeschütteln.

Typische Fehler

Die meisten Menschen treffen überhaupt keine formale Vereinbarung am Ende einer Konfliktklärung. Sie haben ihren Goethe vergessen:

> *Nur was man schwarz auf weiß besitzt, kann man getrost nach Hause tragen.*

Die meisten Vereinbarungen

– sind nur mündlich, nicht schriftlich: Damit haben sie so gut wie keine Verbindlichkeit.
– sind ziemlich unklar formuliert. Jeder Partner versteht etwas anderes unter den verwendeten Formulierungen.
– regeln nicht: Wer kontrolliert wann was?
– sagen nichts über Sanktionen im Fall der Zuwiderhandlung oder der Nichteinhaltung der Vereinbarung.

Aus genau diesen Gründen werden die meisten Vereinbarungen nicht eingehalten – und nicht, weil der Konfliktpartner ein wortbrüchiger Schuft ist.

Wie man's richtig macht

Drehen Sie die obige Negativliste um: Halten Sie Ihre Vereinbarung schriftlich fest. Formulieren Sie jenseits jeden Zweifels eindeutig und unmissverständlich. Vereinbaren Sie Kontrollen und Sanktionen. Eine Sanktion muss nicht immer gleich eine Konventionalstrafe sein. Das kann auch sein: «Wenn einer von uns sich nicht an die Vereinbarung hält, dann reden wir nochmals miteinander. Erst wenn das nichts hilft, gehen wir gemeinsam zum Vorgesetzten.»

Was sagt Ihr Bauch?

Bevor Sie eine Vereinbarung treffen, hören Sie auf Ihren Bauch!

Viele Menschen sind in dieser Phase nicht so recht einverstanden mit der sich abzeichnenden Lösung. Aber sie denken: «Was soll's? Jeder muss Abstriche machen. Bevor wir hier noch zwei Stunden festsitzen!» Großer Fehler.

Wenn Sie nicht innerlich voll hinter der Lösung stehen, werden Sie sich auch nicht lange daran halten.

Und nicht nur Sie – das geht dem Partner auch so. Solange der Bauch noch grummelt, gibt es keine stabile Lösung. Sie müssen überzeugt sein von der Lösung. Sie müssen gut damit leben können. Sie können das noch nicht? Dann gehen Sie zurück zu Phase 6: «Tut mir leid, ich fühle mich noch nicht richtig wohl mit dieser Lösung. Können wir nochmals über … reden?»

Phase 8: Abschluss

Man läuft nicht einfach so auseinander «wie die Sau vom Trog». Man weiß schließlich, was sich gehört:

– Bedanken Sie sich beim Partner für die gute Zusammenarbeit und die gefundene Lösung.
– Drücken Sie Ihre Freude über die getroffene Vereinbarung aus.
– Prozessreflexion: Wie ging's Ihnen im Gespräch? Wie geht's Ihnen jetzt?

- Machen Sie ruhig ein wenig Small Talk, wenn der Partner darauf einsteigt.
- Geben Sie sich die Hand und verabschieden Sie sich.
- Freuen Sie sich auf den nächsten Konflikt, den Sie erfolgreich zum Abschluss bringen werden.

Bestücken Sie Ihre Toolbox!

Was würden Sie von einem Notarzt denken, der nur mit einem Pflaster im Arztkoffer am Unfallort auftaucht? Von einem Elektriker, der Ihre Waschmaschine reparieren kommt und nur mit einer Rohrzange in der Hosentasche auftaucht? Unmöglich! Manche Handwerker tauchen auch mit einem gefüllten Werkzeugkoffer auf, vergessen aber, ihn zu öffnen. Und doch gehen die meisten von uns ähnlich schlecht gerüstet in einen Konflikt. Sozusagen mit leeren Händen. Viele wissen noch nicht einmal, dass es spezielle Instrumente gibt, die ihnen den Umgang mit Konflikten erheblich erleichtern und ihre Erfolgsaussichten dramatisch erhöhen.

Je besser Sie die Tools einsetzen, umso konfliktstärker werden Sie!

Betrachten wir zehn der nützlichsten Hilfsmittel.

10 Konfliktwerkzeuge

	1 Einsatz der Metaebene	
2 Anliegen vorbringen	*5 Wer fragt, der führt*	*8 Gefühle ausdrücken*
3 Positive (Körper-)Sprache	*6 Aktiv zuhören*	*9 Konfrontation*
4 Positives Feedback	*7 Argumentation*	*10 Grenzen ziehen*

Die obige Toolbox hat vier große Fächer mit vier Arten von Instrumenten, hierarchisch abgestuft nach Eskalationsgrad:
- Instrument 1 (Einsatz der Metaebene) ist ein sehr wichtiges, hilf-

reiches, wirkungsvolles und vor allem universell einsetzbares Tool, das in jeder Gesprächsphase seine wohltuende Wirkung entfaltet.

– Die Tools 2 bis 4 (linke Spalte) sind sehr sanfte Instrumente. Wenn der Konfliktpartner darauf eingeht, bleibt das Gespräch angenehm, fast freundschaftlich.

– Geht der Partner nicht auf den sanften Mitteleinsatz ein, greifen Sie zu den etwas energischeren Instrumenten mit den Nummern 5 bis 7 (mittlere Spalte). Das sind die so genannten sachlogischen Werkzeuge.

– Mit den Instrumenten 9 und 10 (rechte Spalte) schrauben Sie Ihren Mitteleinsatz noch weiter hinauf. Es sind konfrontative Werkzeuge. Sie sind wie Atomwaffen – auf keinen Fall schon im ersten Schritt einsetzen! Außerdem sollte keiner versuchen, damit eigene Stärke aufzubauen. Das kann übel ins Auge gehen. In den meisten Fällen benötigen Sie die Tools 9 und 10 nicht. Sie werden fast nur gebraucht, wenn Ihr Partner hartnäckig die kooperative Lösungssuche verweigert oder ständig versucht, eigene Überlegenheit aufzubauen.

> *Treffen zwei geschulte Konfliktpartner aufeinander, brauchen sie die Tools 9 und 10 nur selten!*

Tool 1: Gehen Sie auf die Metaebene

Wann wird ein Konflikt unangenehm? Immer dann, wenn es emotional wird:

> *Sobald man sich von einem Konflikt emotional mitreißen lässt, wird die Sache unangenehm – und gefährlich.*

Emotionen vermeiden

«Sie blöder Kerl, was bilden Sie sich eigentlich ein?» Fällt dieser Satz, ist die Sache meist schon gelaufen. Der Konflikt ist entgleist. Der Sprecher hat sich in den Konflikt hineinziehen lassen und den Kopf verloren. Das passiert immer, wenn wir aggressiv werden – oder passiv, defensiv, beleidigt, frustriert. Das Gegenteil vom knietiefen Waten in Emotionen ist die Metaebene. Das ist die Ebene, die über der Sach- und der Beziehungsebene steht. Sie bietet Ihnen einen riesengroßen Vorteil:

Wer sich auf die Metaebene begibt, behält den Überblick.

Wer die Übersicht verliert, verliert meist auch den Konflikt. Wer den Überblick behält, behält die Nerven, sein Selbstwertgefühl und seine Erfolgsaussichten.

Wie kommen Sie auf die Metaebene?
In zwei Schritten. Der erste erfolgt innerlich. Wer sich nicht in einen Konflikt hineinziehen lassen möchte, muss genügend Abstand wahren. Das schaffen Sie, indem Sie sich visuell tatsächlich Abstand von der Situation verschaffen:

Sehen Sie vor Ihrem geistigen Auge sich selbst und den Konfliktpartner gleichsam von oben herab betrachtet (Wolken- oder Hubschrauberperspektive).

Beurteilen Sie die Situation und fragen Sie sich:
- Was passiert hier gerade?
- Wie geht es dem einen Partner?
- Wie dem anderen? Richtig, Sie sehen sowohl Ihren Partner als auch sich von außen betrachtet.
- Wie steht es um die Beziehung zwischen beiden? Wie entwickelt sich die Beziehung?
- Wo steckt das Problem?
- Was machen die beiden gut? Was können sie verbessern?
- Halten sich die beiden an das Ziel und den vereinbarten Ablauf?

Sich selbst quasi von außen zu beobachten, ist etwas ungewohnt. Doch wenn wir das im Seminar üben, kriegen es eigentlich alle relativ schnell hin.

Manchmal ist es nützlich, wenn Sie nach diesem ersten inneren Schritt noch einen zweiten, äußeren tun, indem Sie die Metaebene ansprechen, zum Beispiel:

- «Ich fühle gerade eine gewisse Irritation aufsteigen. Wie geht es Ihnen in diesem Punkt?»
- «Ich habe den Eindruck, wir verlieren den Faden.»
- «Das wird mir etwas zu komplex. Wie ist Ihr Eindruck?»

> *Üben Sie in ganz normalen Alltagssituationen, sich und Ihre Partner von der Metaebene herab zu betrachten und über die Metaebene zu sprechen.*

Wenn Menschen absolut abgeklärt, ruhig, gelassen und souverän selbst im hektischsten Konflikt bleiben, sagt man, dass sie ausreichend «inneren Abstand» zum stressigen Geschehen haben. Gelassenheit erreichen Sie nicht, indem Sie sich «ein dickes Fell» wachsen lassen, wie der Volksmund vermutet. Gelassenheit und Souveränität erreichen Sie, indem Sie auf die Metaebene gehen. Dies ist auch der Fall, wenn Sie gemeinsam im Gespräch über den bisherigen Gesprächsverlauf reden. Eine Steigerungsform erreichen Sie mit dem Stellen von konkreten Forderungen:

- hinsichtlich Inhalt, Konfliktgegenstand,
- hinsichtlich aktuellem Gesprächsprozess und Kommunikationsverhalten.

Tool 2: Bringen Sie Ihr Anliegen erfolgreich vor

Eine der häufigsten Fragen, die man uns stellt, lautet: Wie schaffe ich es, in einem Konflikt mein Anliegen durchzusetzen? Die Antwort ist erfrischend simpel:

> *Um Ihre Anliegen durchzusetzen, müssen Sie diese erst einmal vorbringen.*

So simpel das klingt, die meisten von uns können es nicht. Woher auch? Solche nützlichen Dinge lernen unsere Kinder weder an der Schule noch an der Hochschule.

So bringen Sie Ihr Anliegen erfolgreich vor
- Wenn Sie sich vorbereitet haben (siehe Kapitel «Vorbereitung ist mehr als die halbe Miete», insbesondere «Was will ich?» und «Was ist drin?»), wissen Sie, was Sie im aktuellen Konflikt erreichen möchten. Nur mit dieser inneren Klarheit können Sie Ihr Anliegen erfolgreich vorbringen: Klarheit nach außen setzt innere Klarheit voraus.
- Reden Sie nicht um den heißen Brei herum. Sagen Sie klipp und klar, was Sie sich vom Konfliktpartner wünschen. Klarheit ist nie unhöflich!
- Reden Sie nicht mit vorwurfsvollen Du-, sondern mit beziehungsfreundlichen Ich-Botschaften.
- KISS: Keep it short and simple! Schwafeln Sie nicht herum, sondern sagen Sie möglichst in einem einzigen Satz, was Sie wollen.
- Kommunizieren Sie Ihr Anliegen mit der nötigen inneren Stärke: ohne Wenn und Aber.
- Lassen Sie alle Weichspüler weg wie: vielleicht, man könnte, eventuell, möglicherweise, unter Umständen …
- Ein «Bitte» ist besser als hundert Weichmacher.

Wenn Sie Ihr Anliegen auf diese Weise vorbringen, erreichen Sie beim Konfliktpartner die beabsichtigte Wirkung: «Der meint das ernst. Der will genau das und nichts anderes. Das kann ich nicht abtun. Damit muss ich mich jetzt auseinandersetzen.»

Beispiele

Diesen Konflikt kennen wir alle: Kollege A telefoniert, versteht dabei jedoch sein eigenes Wort nicht, weil Kollege B am Schreibtisch nebenan viel zu laut telefoniert (und seine Lautstärke nicht bemerkt). Kollege A ärgert sich grün und geht mit folgenden Worten in den Konflikt: «Hier drin ist es manchmal so laut, dass man sein eigenes Wort nicht versteht.» Wie beurteilen Sie seine Erfolgsaussichten in diesem Konflikt?

Sie sind marginal. Tatsächlich scheitert er – und schiebt die Schuld auf den Kollegen: «Der kapiert das einfach nicht! Ist das denn zu fassen?» Dabei liegt es nicht an Kollege B. Vielmehr hat Kollege A sein Anliegen schlecht vorgebracht. «Hier drin ist es manchmal so laut, dass man sein eigenes Wort nicht versteht.» Was soll das heißen? Wen meint er damit? Was will er damit? «Ich wünsche mir, dass Sie in einer Lautstärke telefonieren, bei der auch ich meine Anrufer noch verstehen kann.» Diese Formulierung lässt an Klarheit nichts zu wünschen übrig.

Sicher, so eine direkte Formulierung benötigt Mut. Dafür steigert sie Ihre Erfolgsaussichten auch beträchtlich. Reicht der Mut dafür noch nicht aus, dann bauen Sie ihn auf! Sagen Sie sich zum Beispiel:

- «Das ist keine Unverschämtheit, die ich mir wünsche. Das ist selbstverständlich. Und umgekehrt erwartet er das auch von mir!»
- «Ich habe das Recht, mein Anliegen vorzubringen – wie er das Recht hat, das seine vorzubringen.»
- «Wenn ich nicht klipp und klar sage, was ich will, ändert sich nie was!»
- «Klarheit ist die Höflichkeit der Könige!»

Kommunikation entsteht beim Empfänger

Warum bringen wir unsere Anliegen meist nicht in geeigneter Form vor? Weil wir oft glauben, dass der andere doch kapieren muss, was wir von ihm wollen. «So dämlich darf man doch gar nicht sein!» Verständliche, aber irrige Annahme:

Der Ton macht die Musik: Wenn Sie verstanden werden möchten, drücken Sie sich so aus, dass Sie verstanden werden können.

Tool 3: Sprechen Sie positiv

Was halten Sie von folgendem Anliegen? «Seien Sie doch nicht immer so laut am Telefon!» Wie finden Sie das? Provozierend, wenig konstruktiv, unklar. In einem Wort: negativ. Was heißt schon «nicht so laut»? Negationen eignen sich nicht dafür, ein Anliegen erfolgreich vorzubringen.

Je positiver Sie Ihr Anliegen vorbringen, desto eher findet es Gehör.

Also zum Beispiel: «Bitte reden Sie künftig am Telefon deutlich leiser, damit ich den Gesprächspartner auf meiner Leitung problemlos verstehen kann. Vielen Dank.» Bringen Sie Ihre Anliegen nicht negativ, sondern positiv vor. Sagen Sie dem Partner nicht, was er lassen soll (auch wenn Sie das aufregt), sondern was er tun soll. Das hört sich trivial an. Doch in der Praxis gehen uns öfters die Gäule durch und wir sagen Dinge wie: «Wegen Ihnen kann ich mich am Telefon nicht konzentrieren!» Das ist wenig hilfreich, da total negativ.

Wie alle Konfliktwerkzeuge ist eine positive Sprache zwar recht einleuchtend und einfach. Doch da wir selten so reden, benötigt auch dieses einfache Instrument etwas Übung.

Positive Körpersprache

Achten Sie einmal darauf, wie Menschen in Konfliktsituationen gehen, sitzen, stehen, was sie mit Gesicht und Händen machen. Meist verschränken sie die Arme vor der Brust, runzeln die Stirn, vermeiden den Blickkontakt und reden laut und abgehackt.

Was Sie sagen, ist wichtig. Wie Sie es sagen, ist wichtiger.

Wenn Sie Ihr Anliegen verbal vorbringen und Ihr Körper gleichzeitig total verkrampft, unsicher, gehemmt, naiv oder harmlos wirkt, dann wird Ihr Anliegen von der eigenen Körpersprache torpediert. Befinden Sprache und Körpersprache sich im Widerspruch, glauben Konfliktpartner eher der Körpersprache. Daher das Sprichwort: Eine Geste sagt mehr als tausend Worte. Auch Körpersprache ist eine Sprache. Wie fließend sprechen Sie sie?

Sie wirken am überzeugendsten, wenn Sprache und Körpersprache kongruent sind, das heißt übereinstimmen.

Ihre Körpersprache drückt immer auch Ihre derzeitige Einstellung mit aus. Korrigieren Sie Ihre Einstellung ins Positive, Offene, z. B. mit
- einem Lächeln, statt einer Zornesfalte,
- offener Hand, statt geballter Faust,
- freier Gestik, statt vor der Brust verschränkten Armen.

Ihre Einstellung wird sich wie von Geisterhand ins Positive wenden.

Positiv gestimmt
«Was soll das? Kriegen Sie das nicht schneller hin?» Solche negativen Äußerungen klären Konflikte nicht, sie lassen sie eskalieren. Wenn wir Personen darauf aufmerksam machen, sagen viele: «Wieso? Er ist doch auch so negativ! Ich muss dagegenhalten!» So verständlich diese Einschätzung ist, sie ist ein Irrtum: Ursache und Wirkung werden verwechselt.

Treten Sie negativ auf, laden Sie den anderen dazu ein, dies auch (weiter) zu tun. Ein negativer Auftritt in Konflikten ist eine Einladung zur Destruktivität.

Sie kommunizieren dem Konfliktpartner damit: «Ich bin destruktiv und lade dich dazu ein, es ebenfalls zu sein!» Natürlich passiert das in der Regel unbewusst. Das macht es uns leichter, diese schlechte Gewohnheit abzustellen: Achten Sie beim nächsten Mal darauf, wozu Sie Ihren Gesprächspartner einladen. Warten Sie nicht, bis der Partner nett und freundlich wird. Werden Sie es zuerst. Wiederholen Sie diese Einladung so lange, bis der andere darauf eingeht. Eine positive Kommunikation in Sprache und Körpersprache ist hauptsächlich eine Frage der inneren Einstellung.

Stimmt Ihre Einstellung?
Viele Menschen glauben, dass positive Kommunikation eine Frage der Technik ist. Sie benutzen Rezepte wie: «Schön freundlich bleiben!» oder «Immer lächeln!». Leider funktionieren solche billigen Rezepte in der zwischenmenschlichen Kommunikation nicht. Wenn Sie schön lächeln, dabei aber denken, dass der Partner überhaupt nichts versteht, dann
— erstirbt Ihnen irgendwann das Lächeln auf den Lippen, weil niemand auf Dauer lächeln kann, wenn er den anderen doof findet,
— oder der andere durchschaut recht schnell, dass Sie es nicht ehrlich mit ihm meinen, dass Sie ihn veräppeln, weil Ihr Lächeln unecht, aufgesetzt, erzwungen, unehrlich wirkt.

Nicht die Technik oder das beste Rezept machen den Unterschied, sondern die richtige Einstellung.

> *Für die normale Alltagskommunikation ist eine positive Einstellung wichtig. In Konflikten ist sie absolut unerlässlich.*

Also legen Sie sich eine zu. Wann? Richtig, in der Konfliktvorbereitung (siehe oben). Zum Beispiel: «Mit diesem Partner werde ich diesen Konflikt so stressarm wie möglich zu einer guten Lösung bringen.» Warum gelangen wir vor Konflikten so selten zu einer positiven Einstellung? Weil wir Konflikte in der Regel unangenehm finden, ärgerlich, belastend oder beängstigend.

Bei «Schönwetter» eine positive innere Einstellung zu finden ist keine Kunst. Es kommt vielmehr darauf an, auch unter widrigen Umständen zu einer positiven Einstellung zu gelangen und vor allem eine solche zu vermitteln.

Wie schaffen Sie das? Indem Sie Konflikte entstigmatisieren: Konflikte sind nichts a priori Negatives. Sie gehören einfach zum Leben dazu wie Regenwetter: Das muss man auch nehmen, wie's kommt. Jeder Spaziergänger fragt sich: Nehme ich heute einen Schirm mit oder nicht? Nehmen Sie eine positive Einstellung in den nächsten Konflikt mit?

Keine Angst vor dem Versagen
Einer der häufigsten Gründe, die Menschen daran hindern, mit einer positiven Einstellung in einen Konflikt zu gehen, ist die Angst. Angst vor dem Versagen: «Was, wenn ich im Konflikt unterliege? Über den Tisch gezogen werde? Mich blamiere?»

Verdrängen Sie Ihre Versagensangst nicht. Das macht Sie nur schwächer und kostet unnötig Kraft. Stellen Sie der Angst vielmehr Ihre Stärken gegenüber.

Zum Beispiel: «Ich kann das. Ähnliche Konflikte habe ich früher schon gemeistert. Außerdem bin ich gut vorbereitet und kenne die Abfolge der Gesprächsphasen. Ich beherrsche viele hilfreiche Tools zur Konfliktbewältigung. Und ich kann mit dem schlimmstmöglichen Ausgang leben.» Das ist eine Einstellung gegenüber Konflikten, die Sie übrigens universell einsetzen können. Denn sie enthält die wichtigsten Komponenten für eine positive innere Einstellung.

Tool 4: Geben Sie ein positives Feedback
Warum lösen Konflikte häufig solch negative Gefühle bei uns aus? Weil sie meist sehr negativ ablaufen. Partner A: «Was soll der Unfug? So geht das aber nicht!» Partner B: «Was kann ich denn dafür? Das ist

alles bloß Ihre Schuld!» Konflikte werden recht schnell recht negativ, aggressiv, stressig. Doch es geht auch anders:

Geben Sie dem Partner Feedback zu allen seinen Denk- und Verhaltensweisen, die positiv bei Ihnen ankommen.

Klingt total ungewöhnlich? Ist es auch. Eben deshalb wirkt es so stark, so deeskalierend, so konfliktmildernd, konstruktiv, angenehm und im wahrsten Sinne des Wortes für beide Konfliktpartner entspannend. Sagen Sie zum Beispiel:

- «Dass Sie mir dieses Angebot machen, finde ich toll!»
- «Danke für den Vorschlag.»
- «Vielen Dank für Ihr Entgegenkommen in diesem Punkt.»
- «Ich empfinde es als sehr angenehm, dass Sie das sagen.»
- «Schön, dass Sie die Dinge so offen beim Namen nennen.»

Wirkt es nicht schwach und anbiedernd, eine solch positive Rückmeldung zu geben? Das fürchten zwar viele, doch das ist bloß eine Befürchtung, keine Tatsache. Tatsache ist, dass Menschen, die regelmäßig und authentisch positives Feedback geben, als sehr viel souveräner und abgeklärter gelten als andere.

Feedback erfolgt normalerweise im 4-Klang:
1. Was habe ich gesehen, beobachtet, gehört?
2. Wie wirkt das auf mich? Wie geht es mir damit?
3. Was wünsche ich mir vom anderen?
4. Wie steht er dazu?

Für eine positive Bekräftigung reichen die Schritte 1 und 2.

Unerwartete Deeskalation
Dass ausgerechnet in einem Konflikt ein freundliches Wort fällt, ist so ungewöhnlich, so unerwartet, dass es viele Ihrer Konfliktpartner glatt umhauen wird. Vor allem, wenn diese bemerken, dass Sie keine Ein-

tagsfliege produziert haben, sondern immer und immer wieder positive Rückmeldung geben. Natürlich ist es nicht einfach, und besonders herausfordernd wird es, anhaltend positives Feedback zu geben, wenn der Partner weiterhin permanent nörgelt oder gar beleidigend wird. Aber:

Bei jeder sich bietenden Gelegenheit positives und authentisches Feedback zu geben ist reine Einstellungssache.

Bringen Sie die richtige Einstellung ins Gespräch mit, wird sich das Verhalten Ihres Konfliktpartners oft dramatisch ändern: Er wird selbst freundlich(er), kooperativer, konstruktiver. Warum?

Positives Feedback ist eines der mächtigsten Werkzeuge, um Menschen in ihrem positiven Verhalten zu bestärken.

Oder wie es im Amerikanischen heißt: «What gets rewarded, gets done.» (Nur) was belohnt wird, wird gemacht. Anders herum gefragt: Warum sollte ein Konfliktpartner nett zu Ihnen sein, wenn Sie ihn nicht darin bestärken? Er wäre ja schön blöd …

«So eine blöde Nuss!»

Die Aufforderung, mehr positives Feedback zu geben, klingt so einleuchtend, dass sich die Frage geradezu aufdrängt, warum nicht mehr Menschen zu diesem außerordentlich wirksamen Konfliktinstrument greifen. Die Frage ist: Was hindert uns daran, unseren (Konflikt-)Partnern positive Rückmeldung zu machen? Simple Antwort: Wenn wir mit jemandem einen Konflikt haben, finden wir diesen unwillkürlich unsympathisch bis superdämlich.

Erarbeiten Sie sich eine positive Einstellung zu Ihrem Konfliktpartner.

Wann? Richtig, in der Vorbereitung auf den Konflikt (siehe oben). Mehr noch. Da wir alle dazu tendieren, Menschen, mit denen wir einen Konflikt austragen, in eine negative Schublade zu stecken, müssen wir sie, bevor wir das Konfliktgespräch beginnen, aus dieser Schublade herausholen. Wenn das so einfach ist, warum machen wir das so selten? Weil wir meist völlig unbewusst mit einer ganz anderen Einstellung in einen Konflikt gehen: «Diese blöde Nuss! Dem erklär ich jetzt mal, wo der Hammer hängt!» So eine Hau-drauf-Einstellung ist zwar menschlich und verständlich, macht Sie aber automatisch zum Verlierer, weil sie den Konflikt unwillkürlich eskalieren lässt.

Wie gewinnen Sie eine positive Einstellung zu Ihrem Konfliktpartner? Suchen Sie hinter seinem seltsamen Verhalten und seinen nervigen Sprüchen sein positives Anliegen.

Fokussieren Sie Ihre Wahrnehmung auf die Suche nach positiven und sympathischen Einstellungen und Verhaltensweisen. Das kann schon bei Ihrer Konfliktvorbereitung geschehen. Das können Sie aber auch spätestens in der Phase 2 oder 3 (siehe Kapitel «Wie führen Sie ein Konfliktgespräch?») Ihres Gesprächs nachholen. Als Faustregel gilt:

Einem Menschen selbst im schärfsten Konflikt negativ gegenüberzustehen, ist ziemlich bescheuert, weil selbst der bescheuerteste Mensch einen für ihn absolut logischen Grund hat, sich so zu verhalten, wie er sich verhält.

Wenn Sie diesen meist verborgenen Grund herausfinden, werden Sie bei der Konfliktlösung einen riesigen Schritt vorankommen. Das ist das sprichwörtliche Aha-Erlebnis: «Mensch, jetzt weiß ich, warum er so dummes Zeug redet! Jetzt ist mir alles klar!» Einem Menschen, dessen verborgenen inneren Antrieb wir kennen gelernt haben, können wir nicht mehr böse sein. Alles verstehen heißt alles verzeihen …

Tool 5: Wer fragt, der führt

Natürlich kennen Sie den Spruch – wer kennt ihn nicht? Doch, Hand aufs Herz, kennen Sie einen, der danach handelt? Kennen Sie einen Menschen, der es jemals geschafft hat, in einem heiklen Konfliktgespräch auch nur fünf Minuten lang ausschließlich mit Fragen auszukommen? Warum nicht? Weil – und das klingt jetzt sehr seltsam – die meisten Menschen nie gelernt haben zu fragen. Dass jemand seine Muttersprache beherrscht und abends in der Kneipe ein Herrengedeck ordern kann, heißt nämlich noch lange nicht, dass er auch fragen kann. Es fehlt ihm die nötige Technik.

Fragetechnik: Kleines Quiz

Machen wir ein kleines Quiz: Wir stellen Ihnen die häufigsten Fehlerbilder beim Fragen vor, und Sie formulieren den dazu passenden Merkspruch. Bereit?

1. «Was soll das überhaupt? Warum legen Sie die eingehenden Aufträge nach Datum ab? Wer hat das angeordnet?»
2. «Das sehen Sie doch auch so, oder?»
3. «Wie kann Ihnen so etwas passieren?»
4. «Wie haben Sie denn das wieder hingekriegt?»
5. «Welche Vorschläge haben Sie?» … und anschließend selbst weiterreden.
6. «Wer war das schon wieder?»

Merksprüche

1. Immer nur eine Frage stellen und die Antwort abwarten. Keine Kettenfragen stellen, da der Befragte sich sonst auf die schwächste Frage konzentriert und der Rest gar nicht beantwortet wird.
2. Keine Suggestivfragen stellen! Das sind Fragen, die den Partner in eine bestimmte Richtung drängen.
3. Keine Schuldzuweisungen machen!
4. Keine ironischen oder sarkastischen Fragen stellen!
5. Keine rhetorischen Fragen stellen!
6. Nicht nach dem Schuldigen fragen! Wer einen Konflikt verlängern

möchte, jagt Schuldige. Wer den Konflikt lösen möchte, fragt nach Lösungsmöglichkeiten.

Warum nur hoch intelligente Menschen fragen (können)

Bei kaum einer anderen sprachlichen Fertigkeit zeigt sich so deutlich, wie wenig wir im Grunde unsere Muttersprache beherrschen, wie bei der Fragetechnik. Die meisten Menschen sagen einem ständig, wo es langgeht. Obwohl das sofort Widerstand provoziert. Kaum einer fragt mal was, obwohl Fragen viel wirkungsvoller und vor allem beziehungsorientierter wären. Warum fällt es uns so schwer, Gespräche intelligent zu führen?

Inzwischen ahnen Sie wohl die Antwort: Auch das ist Einstellungssache – wie die meisten wichtigen Dinge im Leben. Menschen, die kaum fragen, pflegen, oft unbewusst, die innere Einstellung: «Ich weiß doch genau, was los ist, wo er falsch liegt und wie wir das machen müssen! Und das muss ich ihm jetzt kurz und knapp beibringen. Warum kapiert er das denn immer noch nicht?» Mit einer solchen Einstellung im Hinterkopf denkt natürlich kein Mensch daran, den anderen fragend zu führen.

> *Wer anderen sagen möchte, wo's langgeht, kommt selten auf die Idee zu fragen.*

«Erklären Sie mir bitte, warum Sie das fordern?» Eine simple Frage, die so gut wie nie gestellt wird und eben dadurch einen weiteren Hinderungsgrund für intelligentes Fragen entlarvt: Wer sich für Gott hält, muss keine Fragen stellen, denn Gott ist allwissend. Leider gehen wir meist ganz unbewusst mit dieser größenwahnsinnigen Unterstellung in einen Konflikt: «Ich weiß doch genau, warum er so einen Mist verbreitet. Er will mich übern Tisch ziehen!» Nur Gott allein weiß, warum ein Mensch tut, was er tut. Alle anderen sollten fragen.

Fragen ist besser als sagen

Ein dritter Grund, der uns am Fragen hindert, ist folgende Einstellung: «Wer fragt, hat offensichtlich keine Ahnung, und das ist ein Zeichen von Schwäche.» Natürlich ist es genau umgekehrt – doch im Konfliktfall sehen wir das oft nicht.

> *Es gibt ein Dutzend Gründe, die gegen das Fragen sprechen. Es gibt nur einen einzigen Grund, der dafür spricht: Wer fragt, meistert Konflikte sehr viel leichter, schneller und besser.*

Deshalb: Probieren Sie's doch einfach mal. Gewöhnen Sie sich das Sagen etwas ab. Gewöhnen Sie sich ans Fragen. Das ist am Anfang ungewohnt, macht dann aber großen Spaß. Vor allem, weil Sie sofort mit Erfolg belohnt werden. Kleiner Tipp:

> *Üben Sie die Fragetechnik erst in einem stress- und blamagefreien Kontext, bevor Sie sich damit in Konflikte wagen.*

Tool 6: Aktiv zuhören

Erinnern Sie sich an Konflikte, die Sie erlebt oder als Zeuge mitbekommen haben? Was ist jeweils deren herausragendes Merkmal? Dass sich die Leute zutexten, als ob morgen die Sprache abgeschafft würde. Warum? Weil man den anderen doch davon überzeugen muss, dass man Recht hat! Funktioniert das? Natürlich nicht. Warum nicht? Weil der andere schwer von Begriff ist. Das ist die übliche Erklärung. Auf die nahe liegende Erklärung kommt kaum einer:

> *Zutexten hilft nicht. Zuhören schon.*

Ganz Ohr sein

Dass insbesondere Menschen unter Stress nicht zuhören können, hat einen einfachen Grund: Im Konfliktfall und auch sonst versuchen wir krampfhaft, andere von unseren Vorstellungen zu überzeugen. Und wer überzeugen will, muss reden – nehmen wir an.

Ich muss überzeugen, also muss ich reden – falsch! Richtig ist: Ich möchte überzeugen, also muss ich zuhören.

Denn um zu überzeugen, muss ich wissen, wie der andere tickt, warum er sagt, was er sagt, was seine Interessen und Motive, seine Absichten und Anliegen sind, was er als Nutzen betrachtet. Das finde ich aber nur heraus, wenn ich nachfrage und dem anderen aufmerksam zuhöre.

Aktives Zuhören = Zuhören + Spiegeln + Kontrollieren: Stimmt das, was ich verstanden habe?

Das Ganze an einem Beispiel:

Fragen: «Warum wollen Sie gleich 500 Euro mehr Gehalt?»

Zuhören: «Weil ich fast doppelt so viel leisten muss, seit der Kollege weg ist!»

Spiegeln: «Verstehe ich Sie recht? Sie arbeiten jetzt fast doppelt so viel, also wollen Sie 500 Euro mehr?»

Zuhören: «Nein, ich arbeite nicht doppelt so viel – ich trage jetzt die doppelte Verantwortung!»

Korrigieren: «Ihr Verantwortungsbereich hat sich fast verdoppelt, und dafür möchten Sie die Gehaltserhöhung.»

Bestätigen lassen: «Ja, so habe ich mir das gedacht.»

Die hohe Schule des aktiven Zuhörens besteht darin, auch das zwischen den Zeilen Gesagte in die Zusammenfassung einzubauen. Das sollte im Konjunktiv in Form einer Frage geschehen.

Zum Beispiel: «Könnte es sein, dass Ihre hohe Gehaltsforderung auch ein Ausgleich dafür wäre, dass Sie bei der letzten Beförderungsrunde nicht berücksichtigt wurden?»

Wer schweigt, stimmt nicht zu

Dass Menschen nicht zuhören können, liegt auch daran, dass viele meinen: Wer stumm zuhört, gibt dem anderen Recht! Das ist barer Unfug. Doch diesen Irrtum muss man erst einmal für sich selbst erkannt und revidiert haben. Danach kann man sich die Vorteile des aktiven Zuhörens zunutze machen. Einer davon ist:

Durch das Spiegeln beim aktiven Zuhören werden in ein Konfliktgespräch sehr viele kleine Zwischenzusammenfassungen eingestreut, die immer wieder eine gemeinsame Basis herstellen.

Allein dadurch werden Konfliktgespräche schon erheblich kürzer und Nerven schonender. Außerdem dreht man sich weniger im Kreis. Man bewegt sich zielstrebig von Zusammenfassung zu Zusammenfassung. Dabei gibt es eine klare Erfolgskorrelation: Menschen, die besser zuhören können, können auch Konflikte besser lösen. Es kostet Überwindung, sich hin und wieder auf die Zunge zu beißen und den Mund zu halten. Doch es lohnt sich auf jeden Fall.

Tool 7: Argumentieren Sie nutzenorientiert

Sicher sind Sie nicht wirklich glücklich mit der Art und Weise, wie Sie andere von Ihrer Meinung überzeugen wollen – sonst hätten Sie nicht dieses Buch zur Hand genommen. Viele Seminarteilnehmer fragen uns: «Wie kann ich andere Menschen besser überzeugen, überreden? Wie kriege ich sie besser rum?» Berechtigte Fragen – doch sie führen in die völlig falsche Richtung. Denn es ist sehr schwer, einem Menschen seine Meinung auszureden. Es ist außerdem extrem wirkungsschwach: Wenn Sie einem Menschen tatsächlich mal seine Meinung ausreden können, ist das meist nur ein Strohfeuer. Schon bald danach wird er nämlich «umfallen», das heißt wieder zu seiner alten Meinung zurückkehren.

Die bessere Einstellung

Überzeugen wollen ist keine taugliche Einstellung für ein (Konflikt-) Gespräch. Eine sinnvolle Einstellung ist dagegen: Ich möchte erreichen, dass mir mein Gesprächspartner aus freien Stücken zustimmt. Damit er auch lange nach unserem Gespräch noch freiwillig zu unserem Gesprächsergebnis steht und nicht «rückfällig» wird, sobald er bemerkt, dass ich ihn überredet, manipuliert, über den Tisch gezogen habe! Wie erreiche ich das? Nicht durch totreden oder überreden, sondern durch intelligente Argumentation. Was ist das?

Intelligente Argumentation

Intelligent zu argumentieren bedeutet, dem Partner ausreichend Nutzen zu bieten.

Die überlegene Kraft des Nutzens: Menschen ändern sich dann und nur dann, wenn die Änderung einen persönlichen Gewinn für sie bringt.

Genau diesen persönlichen Gewinn muss ich in ausreichender Menge aufzeigen, damit mein Partner einlenkt. Um aber zu wissen, was mein Partner als persönlichen Gewinn akzeptiert, muss ich ihn kennen. Ich muss wissen: Was ist ihm wichtig? Was interessiert ihn? Was ist in seinen Augen ein Nutzen, ein Gewinn? Was hat Bedeutung für ihn und was nicht? Hier schließt sich der Kreis: Wie wollen Sie das alles herausfinden, wenn Sie nicht fragen, nicht aktiv zuhören?

Das Geheimnis des Erfolgs

Es gibt ein ganz simples Erfolgsgeheimnis aller überdurchschnittlich erfolgreichen Verhandler, Verkäufer und Konfliktschlichter:

Meine Ideallösung muss ich meinem Konfliktpartner so transparent und schmackhaft machen, dass er seinen eigenen Nutzen darin erkennt.

Hätte er nicht den größten Nutzen, wenn ich total zurückstecken und meine Position ganz aufgeben würde? Nein, denn der Konfliktpartner ist nicht dumm. Unter der Voraussetzung, dass wir voneinander abhängig sind, heißt das: Wenn ich aufgebe, bekommt er gar nichts. Das weiß er. Wenn nicht, erinnern Sie ihn daran und arbeiten Sie an einer Lösung, die dem Partner einen konkreten Nutzen aufzeigt.

Tool 8: Drücken Sie Ihre Gefühle aus

Ganz sicher einer der größten Fehler bei Verhandlungen und Konfliktgesprächen ist, wenn Menschen ein Pokerface aufsetzen und ihre Gefühle verstecken. Weil irgendein Schlaumeier mal behauptet hat, dass das was bringt. Das ist genauso ein Märchen wie das viele Eisen im Spinat – das war ein reiner Druckfehler, den jeder abgeschrieben hat.

Gefühle sind wichtig

Partner A: «Wie stehen Sie zu meinem Angebot?» Partner B: «Kann ich leider nicht akzeptieren.» Frage: Wie geht es in diesem Beispiel Partner B? A hat offensichtlich ein unzureichendes Angebot gemacht. Lässt das B relativ unbelastet? Oder kocht B innerlich, weil er sich von A total verschaukelt fühlt, lässt es aber nicht heraus? Das wissen Sie nicht? Das weiß kein Mensch. Doch genau dieses Wissen ist entscheidend für jede Konfliktlösung.

Wenn Sie nicht wissen, ob Ihr Gegenüber innerlich tobt oder sich prima fühlt, können Sie Konflikte nur schlecht lösen.

Gefühle sind von hoher Bedeutung, vermitteln wertvolle Informationen. Ohne diese Informationen können Sie einen Konflikt nur sehr zäh und schwer lösen. Das erklärt, warum so viele Konflikte so zäh und langwierig sind: Wer nicht über Gefühle redet, verlängert und verkompliziert Konflikte künstlich. Daher: Bringen Sie Ihre Gefühle auch und gerade ins Konfliktgespräch ein. Aber: angemessen! Was heißt das? Am Beispiel:
- «Was fällt Ihnen ein? Ich glaub's ja nicht! Was soll der Scheiß?»
- «Entschuldigung, ich fühle mich etwas überfahren. Es verletzt meinen Stolz als ausgewiesener Fachexperte, wenn ich zu dieser Frage nicht gehört werde.»

Welche von beiden Optionen ist die angemessene Affektartikulation? Rhetorische Frage. Warum gelingt uns die zweite Option so selten?

Den meisten Menschen fehlt schlicht das Vokabular, um Gefühle an-
gemessen zu artikulieren.

Das ist nicht gravierend. Stellen Sie sich vor, Sie lernen morgen den oder die Richtige kennen – und die Person segelt begeistert! Selbst wenn Sie eine in der Bilg geteerte Landratte sind: Nach spätestens drei Wochen beherrschen Sie ein beachtliches Vokabular an Fachtermini der edlen Seefahrt. Genauso schnell bringen Sie Ihr affektives Vokabular auf Vordermann. Kleiner Tipp vorab: Gefühle immer per Ich-, nie per Du-Botschaft kommunizieren! Die häufigste Frage an dieser Stelle lautet: Macht man sich in den Augen des Konfliktpartners nicht klein, schwach und angreifbar, wenn man über seine Gefühle redet?

Gefühle machen groß
Klären wir die eben aufgeworfene Frage anhand von zwei Varianten:
- A: «Das finde ich jetzt aber wirklich gemein, dass Sie mir so was Böses unterstellen!»
- B: «Ihre Aussage, dass mir das ständig passiere, verletzt mich. Ich empfinde das als Übertreibung und als persönlichen Angriff.»

Es handelt sich um ein und dieselbe Situation. Wie hört sich A an? Wie ein quengelnder, kleiner, verschüchterter Bub von sechs Jahren. Welchen Eindruck macht B? Den Eindruck eines emotional gereiften und rhetorisch fitten Menschen. Das liegt auch daran, dass A eine Sie-Botschaft verwendet, B dagegen zwei Ich-Botschaften.

Jammern Sie nicht, wenn Sie über Gefühle reden. Lernen Sie,
selbstbewusst, prägnant, ohne Pathos und Übertreibung über Ihre
Gefühle zu reden. Kurz: angemessen und authentisch.

Warum jammern wir so oft, wenn wir über Gefühle reden? Wie immer steckt die falsche Einstellung dahinter, die falsche Erwartungshaltung: «Ich will in den Arm genommen werden! Ich will Mitleid! Ich will, dass er damit aufhört!» Diese Erwartung allerdings macht Menschen schwach und klein! Das liegt nicht an den Gefühlen oder ihrer Artikulation, sondern an der irrigen Erwartung. Die korrekte Erwartung lautet:

Ich teile dem Gesprächspartner meine Gefühle mit. Ganz klar und eindeutig. Ich bin nicht auf sein Mitleid angewiesen. Aber er ist darauf angewiesen, dass ich ihm sage, was seine letzte Äußerung emotional bei mir auslöst.

Mitleid woanders suchen

Angemessen über seine Gefühle reden kann nur ein Mensch, der vom Partner kein Mitleid erwartet oder dieses erzeugen will. Doch wenn derselbe Partner einem eben einen emotionalen Tiefschlag versetzt hat, fühlt sich natürlich jeder normale Mensch erst einmal verletzt, angegriffen, schwach, mies.

Wenn der Partner Ihnen (meist unabsichtlich!) einen emotionalen Tiefschlag versetzt, suchen Sie das ersehnte Mitgefühl nicht bei ihm, sondern – bei sich selbst.

Logisch? Ja, aber nicht ganz leicht umzusetzen, da sehr ungewohnt. Am einfachsten und zugleich wirkungsvollsten ist die asiatische Methode aus dem Zen: Achtsamkeit.

Beobachten Sie Ihre Gefühle achtsam (nicht nur in Konflikten). Sagen Sie sich: Okay, jetzt fühle ich mich ... Damit kann ich umgehen.

Es reicht meist schon aus, sich seiner eigenen Gefühle gewahr zu werden und sie vorbehaltlos zu akzeptieren, um emotional stabil zu bleiben und nicht auf das Mitgefühl des Konfliktpartners angewiesen zu sein.

Tool 9: So konfrontieren Sie richtig

Teilnehmerinnen und Teilnehmer unserer Seminare lachen oft spontan, wenn wir zur Konfrontation kommen: Die meisten erkennen unwillkürlich, dass sie in Konflikten schon ganz früh konfrontieren. In der Eskalationshierarchie der Konfliktinstrumente jedoch kommt die Konfrontation erst ganz spät. Und das ist gut so. Denn:

Konfrontation ist ein scharfes Schwert. Nur der Anfänger zieht es gleich zu Beginn eines Konflikts. Der Könner setzt davor lieber alle anderen acht Instrumente ein.

Indikation

Vor dem verfrühten Einsatz der Konfrontation schützt eine Liste von Indikationen für den korrekten Einsatz. Setzen Sie die Konfrontation dann und erst dann ein,

– wenn der Partner Sie mehrfach, hartnäckig und dauerhaft nicht ernst (genug) nimmt,
– wenn er nicht (ausreichend) auf Sie eingeht,
– wenn er Ihnen immer wieder ausweicht,
– wenn Sie einen Punkt auf andere Weise nicht klären können,
– wenn er hartnäckig versucht, eigene Stärke aufzubauen.

Wie konfrontiert man richtig?

Die Faustregel zur Konfrontation lautet: Immer kurz und knapp, offen und direkt einen Widerspruch, ein Fehlverhalten oder einen Meinungsunterschied ansprechen.

Schauen wir uns einige Beispiele an:

– Konfrontation eines ausdauernd Ausweichenden: «Ich wünsche, dass alle Sitzungsprotokolle erst von mir freigezeichnet werden. Werden Sie mir die Protokolle vorlegen? Ja oder Nein?»
– Konfrontation mit meiner Sichtweise: «Das sehe ich völlig anders. Meiner Meinung nach ...»

- Konfrontation eines Zauderers: «Wir haben meiner Meinung nach jetzt lange genug darüber geredet. Jetzt will ich eine Antwort auf meine Frage: Was gedenken Sie zu tun?»
- Konfrontation eines Partners mit einem Widerspruch: «Eben sagten Sie, dass der Kunde immer Recht hat. Jetzt sagen Sie, dass wir im Zweifel den Innendienstleiter fragen müssen. Ich empfinde das als Widerspruch. Bitte klären Sie diese Ambivalenz auf!»
- Konfrontation des Partners mit seiner Haltung, einen einseitigen Vorteil zu wollen: «Wenn du unbedingt den Preis reduzieren willst, dann muss ich auf der anderen Wagschale auch meine Leistung verringern!»
- Konfrontation mit den Tatsachen: «Sie sagten, dass Sie den Vorgang zügig weitergeleitet haben. Laut Bearbeitungsvermerk der Instanzen vor und nach Ihnen lag der Vorgang drei Tage auf Ihrem Schreibtisch. Bitte erklären Sie mir das!»

Angst vor der Eskalation

Die häufigste Frage an dieser Stelle lautet: Aber führt Konfrontation denn nicht automatisch zur Eskalation? Doch, das tut sie:

> *Konfrontation führt immer zur Eskalation. Doch genau das wollen wir! Wenn das Gespräch festgefahren ist, ist jede Bewegung besser, als noch mehr kostbare Zeit und Nerven mit Stillstand zu vergeuden.*

Vorausgesetzt natürlich, Sie konfrontieren in Lösungsrichtung und nicht nur der Konfrontation willen, um den Partner zu provozieren. Wer Konfrontation nur als populären Kraftakt einsetzt, um dem Konfliktpartner «Dampf zu machen», hat den Sinn der Konfliktklärung nicht verstanden: Es geht um eine Lösung, nicht um Druck machen, Recht haben, demütigen oder besser wissen!

> *Konfrontation ist intelligente Eskalation.*

Tipp am Rande: Wer einen Konflikt eskalieren lässt und dabei freundlich lächelt, ist nicht authentisch. In der Eskalation ist es wichtig, eindeutig und kongruent zu sein. Der Hinweis auf Fehlverhalten oder Widerspruch wertet weder die Persönlichkeit des anderen noch die Beziehung ab.

Tool 10: Grenzen ziehen

Obwohl schon die Konfrontation ein mächtiges und wirkungsvolles Instrument ist, gibt es sozusagen noch einen «größeren Hammer». Auch für dieses Werkzeug gilt:

Amateure setzen schon ganz früh überall Grenzen. Der Profi benutzt das Instrument dagegen als ultima ratio – als letztes Mittel vor dem Gesprächsabbruch.

Und auch fürs Grenzenziehen gilt: Warum denn gleich ausflippen und beleidigend werden? Der Könner setzt auch den dicksten Hammer mit Achtsamkeit und exquisiter Wortwahl ein.

Beispiele
– «Wenn das Ihr letztes Wort ist, beende ich an dieser Stelle unser Gespräch.»
– «Ich befürchte, wir werden uns in diesem Punkt nicht einig. Ich werde das auch nicht weiter diskutieren.»
– «Es tut mir leid, aber hier muss ich eine Grenze ziehen. Ich kann unser Gespräch nur dann fortsetzen, wenn Sie mir in diesem Punkt entgegenkommen.»
– «Wenn du weiter diesen Ton anschlägst, liegt das jenseits meiner Toleranzgrenze. Dann bin ich nicht mehr bereit, unser Gespräch fortzusetzen.»

Die nötige innere Stärke

Zugegeben, in den obigen Beispielen tauchen große Worte auf. Deshalb ist das Grenzenziehen auch die ultima ratio. Der Volksmund würde sagen:

Lieber ein Ende mit Schrecken als ein Schrecken ohne Ende.

Wer eine Grenze zieht, sagt sich: Selbst wenn diese Intervention (Grenze setzen) nicht zum Erfolg führt, ist mir das lieber, als wenn es so weitergeht wie bisher. Das ist eine Frage des Stolzes, der Integrität und der Selbstachtung: Genug ist genug. Jeder Mensch erreicht irgendwann seine Grenzen. Wer an diesem Punkt die Grenze zieht und das auch klar, unmissverständlich, aber höflich kommuniziert, tut sich und dem Partner langfristig einen größeren Gefallen, als wenn er weiter stumm leidet oder rumzickt und zulässt, dass seine Grenze verletzt wird.

Die eigenen Grenzen nicht zu wahren schädigt Ihr Selbstwertgefühl auf Dauer stärker als die schlimmste Attacke eines Konfliktpartners.

Übung macht den Meister

- Lesen Sie die Liste der 10 Konfliktwerkzeuge immer wieder mal durch.
- Nehmen Sie einen Stift zur Hand und markieren Sie: Welche der Tools beherrschen Sie schon ganz gut? Welche nicht so toll?
- Nehmen Sie sich auf keinen Fall zu viel vor!
- Immer nur ein Tool nach dem anderen verbessern! Rufen Sie zum Beispiel den «Tag des Tools X» aus oder die «Woche des Tools Y».
- Welches Tool wollen Sie in nächster Zeit besser beherrschen?
- Üben Sie den Einsatz dieses Tools. Am besten zuerst in blamagefreien Alltagssituationen. Sie brauchen keinen Konflikt dazu.
- Zum intensiven Üben sind Lernpartnerschaften, Action Learning, Seminare oder ein Coaching besonders geeignet.
- Gratulieren Sie sich ganz bewusst zu jedem kleinen Erfolg, jedem

kleinen Lernfortschritt, den Sie erringen! Das motiviert am stärksten dazu weiterzumachen.

- Ärgern Sie sich nicht über Fehler! Beim Üben gibt es keine Fehler! Es gibt nur Erkenntnisse, wie Sie es besser machen können.
- Seien Sie sehr geduldig mit sich – so geduldig wie ein guter Freund. Die oben vorgestellten Konfliktwerkzeuge sind zwar so einfach wie eine Tennisvorhand. Doch bis diese halbwegs «sitzt», muss man mindestens zweihundert Bälle gegen die Tenniswand schlagen.
- Konzentrieren Sie sich vor allem auf die Metaebene: Sie hilft immer und überall weiter. Sie ist ein Universalwerkzeug, ein Meta-Tool im besten Sinne.
- Denken Sie daran: Selbst Meister üben ständig.
- Haben Sie vor allem Spaß beim Üben. Achten Sie darauf, wie jeder Tooleinsatz Ihre Konfliktstärke erhöht und die Konfliktbewältigung erleichtert.

«Natürlich sind Erfahrung, Wille und
Intelligenz wichtig für den Erfolg.
Doch viel wichtiger ist das Handwerkszeug,
über das ein Mensch verfügt.»
RAYMOND CHANDLER

Ebene 3: Die Tricks der Meister

Wenn Sie diese Seite aufschlagen, treten Sie einem exklusiven Club bei. Dem Club der Menschen, die wissen, was überragende Konfliktstärke ausmacht – oder es wissen wollen. Auf den ersten beiden Ebenen des Buches haben Sie gelernt, im Konfliktfall (sich selbst und anderen) schnelle Erste Hilfe zu leisten. Jetzt lernen Sie die Geheimnisse der Menschen kennen,

– die scheinbar wie durch Zauberhand fast jeden Konflikt erfolgreich lösen können,
– die trotzdem jeder gerne mag,
– die selbst in härtesten Konflikten immer Oberwasser behalten,
– die von Vorgesetzten und Freunden oft als Troubleshooter eingesetzt werden, weil sie so konfliktstark sind,
– die unter Konflikten nicht leiden, sondern oft sogar Spaß daran finden und gestärkt daraus hervorgehen.

Jeder von uns kennt so einen Menschen. «Teflon-Thomas» bei einem süddeutschen Spezialwerkzeughersteller heißt so, weil Konflikte an ihm abgleiten, als sei er mit Teflon beschichtet. Logischerweise wird er im «Hot Support» eingesetzt, weil er selbst böse verärgerte A-Kunden binnen Minuten wieder «vom Baum runterbekommt», wie sein Geschäftsführer über ihn sagt. Der Konflikterfolg von Menschen wie Thomas kommt nicht von ungefähr. Er ist nicht angeboren. Er beruht auf dem Einsatz meisterhafter Tricks und komplexer Fähigkeiten, auf deren Spur wir uns nun begeben werden. Beginnen wir mit einer der wichtigsten, die weit über das Feld der Konflikte hinaus das Leben von Menschen entscheidend bestimmt.

Resilienz: Das Stehaufmännchen-Prinzip

Manchen Menschen reicht es schon, dass der Vorgesetzte sie morgens nicht grüßt – und sie geraten in Panik. Andere bleiben selbst dann noch ruhig und gelassen, wenn der Chef ihnen mit Entlassung droht. Die einen kriegen also schon Panik, wenn noch gar kein Konflikt vorliegt. Die anderen bleiben selbst in existenziell bedrohlichen Konflikten die Ruhe selbst. Wir alle kennen Menschen aus der einen und der anderen Gruppe. Warum reagieren Menschen auf ein und dieselbe Situation so unterschiedlich?

Die Frage hat eine kaum zu unterschätzende Tragweite: Wer sich nicht ins Boxhorn jagen lässt, wer selbst in schlimmsten Konflikten die Ruhe selbst bleibt, hat natürlich weitaus bessere Aussichten, (je) den Konflikt erfolgreich zu meistern. Deshalb lautet die hochinteressante Frage: Was unterscheidet die «Panikmacher» von den «Abgeklärten»? In einem Wort: Resilienz – psychische Widerstandskraft, Stehaufmännchen-Qualität. Das heißt:

Ob ein Konflikt Sie belastet oder nicht, hängt nicht so sehr von der Tragweite des Konflikts ab, sondern vielmehr von Ihrer eigenen mentalen Stärke.

Resilienz ist ein schöner Begriff dafür. Er stammt aus der Materialprüfung und -forschung. Wenn ein Gummipuffer für eine Autotür im Wolfsburger Testlabor zum Beispiel nach einem Verformungstest mit dem Vorschlaghammer schnell wieder seine ursprüngliche Form annimmt, dann ist er resilient, also widerstandsfähig, belastbar. Butter dagegen ist nicht resilient: Wie jeder passionierte Frühstücker bestätigen kann, begibt sie sich – einmal durchs Streichmesser verformt – nie wieder in ihre ursprüngliche Form zurück. Butter fehlt die Eigenschaft der Resilienz vollständig. Fast so wie einigen Menschen …

Was natürlich Quatsch ist: Keinem Menschen fehlt die Resilienz völlig. Wir sind alle ein wenig – zum Teil auch stärker – resilient. Jedoch: Wir als Trainer und Coachs kennen kaum einen Menschen, dem wir nicht mehr von dieser wunderbaren, Widerstandskraft verleihenden Fähigkeit wünschen würden. Gerade in und für Konflikte: Denn da brauchen wir sie am nötigsten. Da ist unser Selbstwertgefühl am heftigsten unter Beschuss, da sollten wir nach verbalen Niederschlägen schnell wieder aufstehen (können). Das wünschen wir uns alle. Doch wie macht man das? Wie werden wir resilient(er)? Geht das überhaupt?

Die ideale Fähigkeit

Beim Menschen geht die Bedeutung von Resilienz weit über die Begriffsdefinition in der Materialprüfung hinaus. Resilienz beim Menschen bedeutet nicht nur, dass er sich nach einer «Verformung», also nach der Überwindung einer sozialen, mentalen oder seelischen Krise, wieder auf sein Ausgangsniveau der mentalen Stärke zurückbegibt. Nein, er wächst an der überstandenen Herausforderung und geht – eine beneidenswerte Fähigkeit – sogar gestärkt aus der Krise hervor. Er ist nach der Krise belastbarer als vor der Krise. Auf ihn trifft der alte Spruch zu: Was mich nicht umbringt, macht mich stärker. Daher:

Resilienz ist die Fähigkeit, im Konfliktgeschehen zu lernen und aus dem Konflikt gestärkt hervorzugehen.

Jeder Mensch hat ein Stück Resilienz mit in die Wiege gelegt bekommen. Reicht das nicht aus, weil er zum Beispiel in einem sehr konfliktträchtigen Umfeld lebt oder arbeitet, dann ist das nicht weiter schlimm, denn:

Resilienz ist trainierbar.

Training ist allerdings auch nötig. Die gut fundierte Resilienzforschung zeigt nämlich, dass

– nur ungefähr ein Drittel der westlichen Bevölkerung gestärkt aus Krisen und Konflikten am Arbeitsplatz oder in partnerschaftlichen Beziehungen hervorgeht, also im engeren Sinne resilient ist,
– zwei Drittel der westlichen Bevölkerung in solchen Krisen und Konflikten in der einen oder anderen Form unter die Räder kommen, seelischen Schaden nehmen, geschwächt werden.

Was macht das eine Drittel so resilient?

Die 7 Säulen der Resilienz

Erstaunlich viele Menschen glauben, dass Resilienz und Konfliktstärke von einem herausragenden IQ oder einem reichen Erfahrungsschatz abhängen. Das ist ein verbreiteter Irrtum. Die Wahrheit ist wie immer viel einfacher und überraschender:

Resiliente Menschen unterscheiden sich von weniger resilienten Menschen durch die Art der Gedanken, die sie sich machen, und durch die Interpretation von widrigen Umständen in ihrem Kopf.

Das resiliente Drittel der westlichen Bevölkerung versteht es, in Krisen und Konflikten zuversichtlich und handlungsstark zu bleiben. Wie schaffen die Resilienten das? Die Resilienzforschung sagt: Indem sie sich auf sieben Säulen stützen. Resiliente Menschen
1. betrachten Krisen und Konflikte optimistisch,
2. akzeptieren die Dinge, wie sie sind,
3. denken lösungs-, nicht problemorientiert,
4. lassen sich nicht in die Opferrolle drängen,
5. übernehmen Verantwortung für ihre adäquate Wahrnehmung der Realität,
6. pflegen unterstützende Beziehungsnetzwerke,
7. beschäftigen sich planend und nicht besorgt mit der Zukunft.

Klingt gar nicht so exotisch? Sie würden sich schon zutrauen, diese sieben Fähigkeiten auf Vordermann zu bringen? Dann lassen Sie uns beginnen.

1. Werden Sie Optimist

Es liegt auf der Hand, dass Optimisten in Konflikten besser abschneiden: Sie dramatisieren nicht unnötig, unterstellen dem Konfliktpartner nicht übertrieben Böses, geraten nicht so schnell in Panik, weil sie nicht schwarzsehen wie Pessimisten. Wie schon das Sprichwort sagt:

> *Ein Optimist sieht in jeder Bedrohung eine Chance, ein Pessimist in jeder Chance eine Bedrohung.*

Wir alle kennen Sprüche wie diesen. Sie sind amüsant – und gefährlich. Denn sie suggerieren auf sublime Weise, Optimismus und Pessimismus seien wie Rechts- oder Linkshändigkeit: nicht zu ändern. Das ist falsch. Optimismus ist lediglich eine bestimmte Art, die Dinge zu sehen, und als solche hundertprozentig trainierbar. Deshalb lohnt es sich, den Optimismus genauer unter die Lupe zu nehmen, um herauszufinden, woraus diese so konfliktwirksame Fähigkeit zusammengesetzt ist.

Konzentration auf die positiven Aspekte

Ein resilienter Mensch schafft es, sich auf das Positive in einem Konflikt, einer Krise zu konzentrieren, ohne das Negative aus den Augen zu verlieren. Nicht resiliente Menschen sehen dagegen nur das Problem und denken: «Das hat eh' alles keinen Sinn.» Das ist Pessimismus. Der Resiliente denkt ausgewogen. Er sieht das Negative, konzentriert sich aber aufs Positive: «Das sieht übel aus, aber mir fällt schon irgendetwas ein.» Aus diesem Grund läuft der Vorwurf ins Leere, Optimisten würden sich «die rosarote Brille» aufsetzen. Wer das behauptet, hat das Konzept nicht verstanden. Optimisten blenden das Negative nicht aus (wie die Pessimisten das Positive ausblenden): Sie sehen beides, konzentrieren sich aber auf das Konstruktive – weil nur das weiterhilft.

Zwingen Sie sich in Konflikten oder Krisen mit hohem Frustrationspotenzial, auf die positiven Aspekte zu achten, die es immer gibt und die Sie vorher unbewusst ausgeblendet haben. Konzentrieren Sie sich auf diese positiven Aspekte!

Resiliente trauen es sich aufgrund ihrer optimistischen Sichtweise zu, an ihre Leistungsgrenze zu gehen: «Ärmel hoch und angepackt!» Nicht Resiliente dagegen trauen sich, da sie grundsätzlich pessimistisch eingestellt sind, wenig zu: «Ich weiß nicht, das ist mir alles einfach zu viel.» Keine Frage, wessen Chancen auf Erfolg größer sind.

Lösen Sie sich, wenn der Defätismus Sie überkommt, vom negativen Schwarz-Weiß-Denken. Denken Sie nicht in Erfolg/Misserfolg-Kategorien, sondern in Handlungskategorien.

Resiliente können die kleinen Freuden des Lebens genießen. Das heißt, sie können sie wahrnehmen und schätzen. Hört sich schwer nach Poesiealbum-Psychologie an? Weil das viele denken, machen wir einen kleinen Exkurs dazu.

Exkurs: Gedanken verändern die Welt
Barbara und Martin arbeiten in derselben Abteilung. Eines Tages eröffnet ihnen der Abteilungsleiter, dass der komplette Bereich restrukturiert wird: Barbara und Martin kommen in eine neue Abteilung. Barbara denkt: «Ja super! Jetzt kann ich wieder bei null anfangen. In der neuen Abteilung ist mein Know-how sicher keinen Pfifferling wert! Das kann ja übel werden!» Martin denkt: «Au Backe, in meinem Alter nochmals komplett neu anfangen. Andererseits: Vielleicht macht mir in der neuen Abteilung mein neuer Job nach der üblichen Eingewöhnung sogar mehr Spaß als der alte!»

Der Abteilungsleiter sieht Martin während der Restrukturierung öfter und denkt: «Das ist mal ein Mitarbeiter, der den Kopf oben behält und in dem ganzen Chaos auch noch freundlich ist.» Was denkt er über Barbara? Nichts, denn er sieht sie gar nicht. Sie ist abgetaucht, weil sie so deprimiert ist. In Meetings sitzt sie nur brütend da. Als der Bereichsleiter fragt, ob der Abteilungsleiter einen Mitarbeiter habe, den er für ein besonderes Projekt abstellen könne, fällt ihm sofort Martin ein. Barbara fällt ihm nicht ein, weil sie ihm gar nicht präsent ist. Heute hat Martin den Job seines Lebens: «Mensch, hatte ich Dusel!» Nein, er hatte eine Selffulfilling Prophecy.

Barbara dachte: «Das kann ja übel werden!» Und es wurde tatsächlich übel. Martin dachte: «Vielleicht macht mir der neue Job sogar mehr Spaß!» Und genau das traf auch ein. Beide Kollegen machten eine Vorhersage über ihre Zukunft, die sich nur deshalb erfüllte, weil sie gemacht wurde. Sie erfüllte sich quasi selbst. Wie? Indem sie das Verhalten beider Kollegen so steuerten, dass unweigerlich das prognostizierte Ergebnis eintreten musste: Wer düster brütend abtaucht, den will keiner, wenn es ums Verteilen guter Jobs geht. Wer dagegen freundlich und offen bleibt, der fällt dem Chef unweigerlich positiv auf.

So weit, so gut. Die Frage ist bloß: Wie wird Barbara zu einem Martin? Wie Barbara wird es Ihnen möglicherweise oft schon gegangen sein: Wenn Ihnen ein Vorgesetzter sagt, dass nächste Woche restrukturiert werde, geht Ihnen sicher auch «die Muffe», wie es umgangssprachlich so schön heißt. Natürlich wissen Sie, dass Sie mit dieser ängstlichen, negativen, frustrierten Einstellung keine guten Chancen haben, die Krise gut zu bewältigen. Doch was Sie fühlen, ist viel stärker als das, was Sie wissen. Ihre Gefühle haben Ihren Verstand übermannt.

Die Frage ist also: Wie überwinden Sie diese negativen Gefühle, damit Sie zu einer positiven, optimistischen Einstellung gelangen können? Weil diese Frage so wichtig ist, widmen wir ihr die nächsten Seiten.

Keine Verallgemeinerungen

Optimisten gleiten beim Beschreiben von Negativem nicht in Verallgemeinerungen ab. Wenn zum Beispiel ein Kollege sie schneidet, sagen sie nicht: «Der Meier schneidet mich ständig!» Sie sagen: «Hoppla, gerade eben hat er mich geschnitten!» Merke: Wer Negatives verallgemeinert, verleiht ihm zusätzlich negative Wirkung. Wer Negatives dagegen spezifisch und korrekt beschreibt, fühlt sich viel weniger belastet. Eben optimistischer, konfliktstärker, selbstsicherer.

Achten Sie darauf, wie Sie Krisen und Konflikte (innerlich) beschreiben. Die Wahl Ihrer Worte beeinflusst Ihre Gedanken und Gefühle und damit Ihre Konfliktstärke! Beschreiben Sie immer spezifisch, nicht allgemein.

Optimisten sehen nicht nur das Problem, sondern gleichzeitig auch eigene Handlungsmöglichkeiten. Sie fragen sich zum Beispiel ganz konkret: «Was genau könnte ich jetzt tun, um den Konflikt zu lösen? Wofür entscheide ich mich?» Pessimisten dagegen klagen ganz pauschal: «Was mache ich jetzt bloß?» Auch deshalb macht Optimismus resilient: Er leitet zum Handeln an. Und wer handelt, ist immer besser dran, als wer bloß dasitzt und erduldet.

Sehen Sie die Probleme, aber konzentrieren Sie sich auf Ihre Handlungsmöglichkeiten.

Optimisten lassen sich auch von Rückschlägen und Niederlagen in Konflikten nicht unterkriegen. Sie stecken das weg, sehen ihre Niederlage im Verhältnis zu ihren Siegen. Lernen Sie, auch mit zeitweiligen Rückschlägen zu leben. Sagen Sie sich: «Okay, das ging daneben, aber: I'll be back!» Optimisten übernehmen nicht automatisch die Schuld dafür, wenn's mal nicht gut läuft (im Konfliktgespräch). Sie prüfen die Situation und stellen fest, welches ihr Anteil am Problem ist.

Halten Sie Ihre Reflexe im Zaum. Es läuft nicht gut? Denken Sie spontan daran, was Sie wieder alles falsch machen? Gewöhnen Sie sich das ab.

2. Akzeptieren Sie die ganze Realität

«Das darf doch alles gar nicht wahr sein!» Kennen Sie? Ja, diesen Satz hören wir häufig in Konflikten. Wer spricht so? Ein potenzieller Lösungsverhinderer, wenn nicht Konfliktverlierer. So trivial der Spruch anmutet, er hat es in sich: Er ist ein Symptom für Verdrängung, für Realitätsverlust.

Resiliente Menschen verdrängen die Realität nicht, sie akzeptieren sie – so schmerzhaft sie manchmal auch sein mag. Denn: Man kann nur ändern, was man annimmt!

Resiliente Menschen klagen nicht, dies alles dürfe nicht wahr sein, sie sagen (sich): «Okay, das schmeckt mir nicht, das ist sogar ausgesprochen behämmert – aber die Dinge sind nun mal so, wie sie sind, damit muss ich umgehen. Hilft ja sonst nix!»

In unseren Seminaren meinen Teilnehmerinnen und Teilnehmer an dieser Stelle manchmal: «Aber ich kann die Dinge doch nicht resignativ hinnehmen!» Genau das ist mit Akzeptanz nicht gemeint:

– Der Resignative sagt: «Das ist nun mal so, kann man nix machen!»
– Der Akzeptierende sagt: «So ist das – und wie ändern wir das jetzt?»

«Man sollte die Welt so nehmen, wie sie ist – aber nicht so lassen.»
Ignatio Silone

Sie würden das gern öfter sagen? Aber manchmal finden Sie die Realität einfach inakzeptabel? Warum? Weil wir die Realität natürlich immer dann nicht wahrhaben wollen, wenn sie schmerzt, wenn es weh tut, wenn wir enttäuscht wurden, einen Verlust erlitten haben, mit unseren Träumen und Wünschen baden gegangen sind. Das tut weh, und das verdrängen wir dann lieber. Resiliente Menschen verdrängen nicht.

Fühlen Resiliente denn keinen Schmerz? Doch, sehr sogar. Sie halten ihn lediglich aus. Das können Sie übrigens auch. Wann immer Sie schon mal Durst verspürt, aber nichts getrunken haben, Hunger hatten, aber nichts aßen: Da hielten Sie den Schmerz aus. Wir alle können das – wir müssen es nur wollen und uns dann auf den Schmerz einstellen: Denn weh tut's natürlich. Aber es bringt uns nicht um. Und nach wenigen Minuten fühlen wir uns gleich viel besser. Viel besser jedenfalls, als wenn wir die Realität ständig verdrängen und unterm Teppich halten müssen – das kostet unglaublich viel Kraft und stresst ungemein.

Akzeptieren Sie die Realität. Auch und gerade dann, wenn's weh tut. Ertragen Sie den Schmerz.

Akzeptanz der Realität bedeutet auch:
- Akzeptanz der inneren Realität, sprich der Gefühle und Gedanken. Ist doch logisch? Eben nicht. Nicht Resiliente ärgern sich über das, was sie denken und fühlen: «Warum rege ich mich wieder so auf? Mensch, reiß dich doch zusammen!» Auch Sie haben sich schon gewundert, warum diese inneren Appelle nicht fruchten? Dann wissen Sie's jetzt: Weil solche Appelle die innere Realität negieren, statt sie zu akzeptieren. Doch nur was man akzeptiert, kann man auch ändern.
- Akzeptanz des Guten im Schlechten, bewusste Suche danach. Nicht Resiliente denken oder sagen in Konflikten oft: «Das ist doch alles Sch...!» Es ist verständlich, dass man so fühlt – doch es ist eine böse Schwächung der eigenen Stärke und ein Verdrängen der Realität: Es ist eben nie alles hundertprozentig schlecht. Jede Situation hat noch was Gutes – man muss es bloß entdecken und dann akzeptieren. Klar, dass man sich mit dieser Fähigkeit in Konflikten ungemein leichter tut.
- Akzeptanz des eigenen Problemanteils. Weil das ein so wichtiger Punkt für die Konfliktlösung ist, betrachten wir ihn genauer.

Den eigenen Problemanteil akzeptieren

Bereit für einen kleinen Test? Versuchen Sie herauszufinden, welches der gemeinsame Nenner der folgenden Aussagen ist:

– «Dieser blöde Kerl! Was bildet der sich ein? Bloß weil er sich querstellt, kommen wir zu keiner vernünftigen Lösung!»
– «Dafür kann ich doch nichts! Daran ist nur … schuld!»
– «Das ist alles mal wieder nur meine Schuld! Wenn ich mich nicht so dämlich anstellen würde, hätten wir diesen Konflikt schon lange gelöst!»

Zu welchem Ergebnis sind Sie gekommen? Richtig, alle drei sind Aussagen von drei wenig resilienten Menschen. Aber was macht sie so resilienzschwach? Sie schätzen die Problemanteile falsch ein.

Problemanteile in einem Konflikt

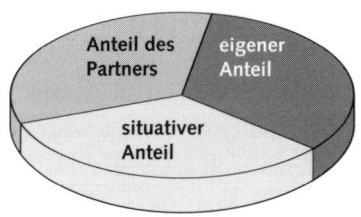

Jeder Konflikt kommt aus dem Zusammenwirken dreier Problemanteile zustande: des eigenen Anteils, desjenigen des Partners und des Anteils, der in der Situation an sich begründet liegt (der Markt schrumpft, der Gesetzgeber hat ein neues Gesetz erlassen, das Klima verändert sich …). Wenn also ein Mensch sagt: «Dafür kann ich doch nichts!», klingt das a priori verdächtig, nicht resilient. Es würde bedeuten, dass sein eigener Problemanteil gleich null ist – was in der wirklichen Welt so gut wie nie gegeben ist. «It takes two to tango», sagen die Amerikaner. Frei übersetzt: Wenn zwei Krach haben, dann haben immer auch beide ihren Anteil daran.

Ein Beispiel

Selina ist Verkäuferin im Außendienst. Sie erhielt eben einen Rüffel von ihrem Verkaufsleiter, weil sie ihre Neukundenquote nicht erfüllt hat. Sie sagt: «Dafür kann ich doch nichts (Eigenanteil = 0)! Der Markt bricht gerade ein (situativer Anteil). Außerdem ist daran vor allem der Innendienst schuld (Fremdanteil): Der versorgt mich schlecht mit Terminen!» Der Chef rastet fast aus, als er das hört. Will heißen: Der Konflikt verschärft sich. Denn es macht ihn rasend, wenn seine Mitarbeiter Mist bauen – und dann alle Schuld auf andere schieben. Das ist nicht nur bei Konflikten mit dem Chef so:

Wer seinen Konfliktanteil verdrängt, lässt den Konflikt eskalieren.

Das Dümmste daran ist: Auch Selina ist nicht glücklich mit ihrem Konfliktverhalten. Denn nach dem Gespräch mit ihrem Chef ist sie immer noch frustriert und leicht verzweifelt: Wie soll sie jemals ihr Leistungsziel erreichen? Glücklicherweise erinnert sie sich an ihr Konfliktseminar und den Anteilskuchen (siehe oben). Irgendwann fragt sie sich: «Und was ist mein Anteil an dem ganzen Schlamassel? Okay, meine Akquise ist nicht wirklich das Gelbe vom Ei. Da sollte ich mal was dagegen unternehmen.» Und sie seufzt. Das Verrückte daran: In dem Moment, in dem Selina ihren eigenen Problemanteil akzeptiert, fällt das belastende Gefühl von ihr ab. Sie kann sich vom Konflikt distanzieren, denn nun tut sie ja was dagegen: Sie bringt ihre Neukundenakquise auf Vorderfrau.

Resiliente Menschen grenzen sich ab

So wichtig es ist, den eigenen Problemanteil zu identifizieren und zu akzeptieren, so wichtig ist es auch, richtig mit dem Fremdanteil einer Situation, eines Problems, eines Konflikts umzugehen. «Natürlich hatte ich Vorfahrt! Aber ich hätte einfach meine Augen besser aufmachen müssen, dann hätte ich vielleicht noch erkennen können, dass mir einer die Vorfahrt nehmen will! Jetzt ist mein Kotflügel futsch!»

Was ist das? Richtig erkannt, hier spricht wieder ein wenig resilienter Mensch. Was macht ihn so widerstandsschwach? Seine Tendenz, den Fremdanteil eines Konflikts zu seinem eigenen zu machen. Das ist Oberkäse. Denn dass ihm einer die Vorfahrt nimmt – also dafür kann er nun beim besten Willen nichts!

Grenzen Sie sich von fremden Problemanteilen ab!

Sagen Sie sich: «Das binde ich mir nicht um! Das lasse ich nicht an mich ran!» Dasselbe gilt auch für den situativen Anteil: Wenn der Markt zusammenbricht, können Sie im Verkauf sicher weder etwas dafür noch dagegen.

3. Achten Sie auf Lösungen, nicht auf Probleme

Resiliente Menschen sind Lösungsdenker, keine Problemdenker. Wenn sie ein Problem haben, in einen Konflikt geraten, erleben sie zwar auch ihre Schrecksekunde, geraten vielleicht in Rage über einen unfairen Angriff oder einen herben Verlust, müssen auch erst innerlich loslassen – doch danach ergehen sie sich nicht in Dauerklagen über das Problem, sondern nehmen eine Lösung ins Visier.

Nicht Resiliente denken über Probleme nach, Resiliente über Lösungen.

Wer über ein Problem ins Jammern kommt, verliert die Handlungsfähigkeit. Nicht Resiliente denken oder sagen: «Wie soll das denn gehen? Da lässt sich einfach nichts machen. Das ist halt so.» Resiliente dagegen denken: «Das ist schwierig, aber mir fällt bestimmt etwas dazu ein. Wenn es irgendwo eine Chance gibt, finde ich sie.»

Von allen sieben Säulen der Resilienz ist das möglicherweise jene, die am leichtesten umzusetzen ist: Vergraben Sie sich nicht in ein Problem! Beginnen Sie so früh wie möglich, nach Lösungen Ausschau zu halten. Suchen Sie in einem ersten Schritt prinzipiell mindestens drei Lösungen und priorisieren Sie diese.

4. Raus aus der Opferrolle

Bewerten Sie bitte folgende Aussagen:

– «Da ist nichts zu machen. Was soll ich als kleiner Angestellter schon dagegen ausrichten können?»
– «A bissel was geht immer. Ich überlege mir eine Lösung. Jedenfalls will ich das Ruder selbst in der Hand halten.»

Richtig, die erste Aussage zeugt von wenig Resilienz und damit Konfliktstärke, die zweite von bedeutend mehr.

> *Wenig resiliente Menschen rutschen schnell, oft und tief in die Opferrolle. Resiliente befreien sich rasch aus der Opferrolle.*

Damit keine Missverständnisse entstehen: Auch resiliente Menschen leiden unter Konflikten und fühlen sich oft hilf- und machtlos. Doch während der wenig Resiliente sich in seiner Hilflosigkeit verbohrt und insgeheim das Mitleid seiner Umwelt genießt, befreit sich der Resiliente mit bewusster Anstrengung von der Opferrolle und nimmt das Ruder wieder selbst in die Hand, krempelt die Ärmel hoch und zieht sich am eigenen Schopf eigenhändig aus dem Sumpf.

Sie fühlen sich aber manchmal, als würde die Opferrolle Sie mit Eisenklauen in ein dumpfes Gefühlsloch ziehen? Das fühlen Resiliente auch. Doch darauf kommt es nicht an. Es kommt darauf an, sich daraus zu befreien. Eine erfreulich große Rolle spielt dabei der Wille, die Entschlossenheit. Wenn wir mit resilienten Menschen sprechen, fällt oft der Satz: «Ich wollte mich einfach nicht länger so hilflos fühlen.» Deshalb heißt das Sprichwort: Wo ein Wille ist, ist auch ein Weg. Wer raus aus der Opferrolle will, dem gelingt das auch in der Regel.

5. Verantwortung übernehmen für eine adäquate Wahrnehmung

Sicher regen Sie sich auch manchmal über Menschen auf, die im Konflikt aus einer Mücke einen Elefanten machen – oder eine Riesensauerei bagatellisieren: «Och, so schlimm ist das doch nicht!» Oder über

Menschen, die mit Unterstellungen um sich werfen: «Sie sagen das nur, um mir eins auszuwischen!»

Katastrophen- und Bagatelldenken, Generalisierungen und Unterstellungen lassen Konflikte eskalieren.

Ähnlich eskalierend wirken übergeneralisierende Schlussfolgerungen wie: «Das haben Sie noch nie gekonnt! Das haben Sie schon immer falsch gemacht!» Ist das nicht unverschämt? Ja, denn es ist eine unzulässige Verallgemeinerung.

Das illustriert sehr schön das Beispiel des Autofahrers, der auf dem Weg zur Arbeit – es pressiert schon ein wenig – an eine rote Ampel kommt und spontan ausruft: «Das gibt's doch nicht! Immer wenn ich komme, sind alle Ampeln rot!» Darauf würde der aufgehaltene Eilige Stein und Bein schwören – doch das ist offensichtlicher Unfug. Es können nie sechzig Jahre lang sämtliche Ampeln rot sein, sobald ein bestimmter Autofahrer vorfährt. So funktioniert die Welt nicht.

Wenig resiliente Menschen haben eine äußerst ungenaue, pauschalisierende Wahrnehmung. Resiliente dagegen sehen die Welt eher, wie sie ist.

Ein resilienter Mensch würde vor der roten Ampel genauso fluchen, doch er würde denken: «Ausgerechnet dann, wenn ich sowieso schon zu spät dran bin, ist das Mistding rot!» Wenig resiliente Menschen sehen die Welt, ihre Konflikte und Probleme nicht so, wie sie sind, sondern verzerrt durch das Brennglas ihrer eigenen Grundhaltung (zum Beispiel schwarzsehen), ihrer Vorurteile, Ängste, Wünsche, Annahmen, Erfahrungen, Befürchtungen, Zweifel.

Bei wenig resilienten Menschen steuern die negativen Annahmen über die Welt die eigene Wahrnehmung.

Resiliente Menschen steuern aktiv gegen diese Tendenz an. Sie fragen sich zum Beispiel ganz bewusst:

- Was wurde gesagt? Und was nicht?
- Was kann ich hören, sehen, riechen, berühren? Und was bilde ich mir bloß ein?
- Was ist Wunsch und was Wirklichkeit?
- Was hätte ein neutraler Beobachter eben wahrnehmen können? Und was unterstelle ich?
- Stimmt das, was ich denke, überein mit dem, was ein unbeteiligter Dritter beobachten kann?

Eine adäquate Wahrnehmung kommt nicht von allein. Sie müssen dafür schon die Verantwortung übernehmen. Übernehmen Sie sie auch?

6. Netzwerkorientierung

«Ich fühle mich mit diesem Konflikt völlig allein gelassen!» Das stimmt manchmal tatsächlich – für wenig resiliente Menschen. Sie stehen einsam auf weiter Flur und haben keinen, der sie unterstützt. Das ist so frustrierend wie kontraproduktiv und unnötig:

Allein zu sein ist immer blöd. Mit Unterstützung geht alles besser.

Resiliente Menschen verfügen über ein oft erstaunlich weites und kompetentes Netzwerk von Menschen. Einer sagte uns mal: «Ich habe für jedes Problem, jede Frage einen privaten Experten, den ich anhauen kann und der mir auch hilft. Selbstverständlich gebe ich diese Hilfe zurück. Auch ich bin ein Experte im Netzwerk vieler Menschen.»

Basteln und pflegen Sie ein Netzwerk. Ein Netzwerk macht Sie stärker!

Dabei ist die Expertise der Experten in Ihrem Netzwerk noch nicht einmal das Wichtigste. Allein das Gefühl, dass da jemand ist, den man zur Not fragen könnte, verleiht schon Flügel und stärkt den Rücken. Man fühlt sich nicht mehr allein, sondern gehalten und unterstützt.

7. Planen Sie Ihre Zukunft

Erstaunlich viele Menschen leben in den Tag hinein. Was soll man auch anderes tun? Jeden Tag muss man aufstehen, duschen, frühstücken, zur Arbeit, den ganzen Haushaltskram erledigen … Diese Routine wird uns quasi aufgezwungen. Blöd nur, dass sie unsere Resilienz beschädigt, sofern wir vor lauter operativer Hektik keine Zeit haben, an unsere eigene Zukunft zu denken. Wenn «Zukunft» für Sie ein Schreckwort ist (was es erstaunlicherweise für viele ist), dann sollten Sie einen anderen Begriff wählen, zum Beispiel: meine Vorstellung vom Leben, meine Wünsche, meine Pläne …

Menschen, die wissen, was sie wollen und wie sie dort hinkommen, sind seelisch und mental widerstandsfähiger.

Anders ausgedrückt: Eine konkrete Vorstellung von Ihrem künftigen Leben, eine solide Zielplanung oder eine klare Zielperspektive vermitteln Ihnen eine große innere Sicherheit: Sie wissen, wohin Sie wollen. Sie wissen, warum (Grund) und wozu (Sinn, Zweck) Sie dieses Ziel erreichen wollen. Das hilft Ihnen, die notwendige Energie zu mobilisieren.

Es ist sehr schwer, Menschen vom Weg abzubringen, die wissen, wohin sie wollen. Ziel- und planlos durchs Leben wandelnde Menschen dagegen wirft schon der kleinste Konflikt aus der Bahn.

Sie haben aber absolut null Bock, eine Lebensplanung aufzustellen? Weil Sie das viel zu sehr einschränken würde? Dann lassen Sie es. Entwickeln Sie stattdessen Ihren Traum vom Leben, Ihre Vision. Diese Vorstellungen geben die nötige Orientierung und lassen Sie die Zukunft antizipieren. Was im Konfliktfall heißt: sich Gedanken darüber zu machen, wie und mit welchen Schritten man den Konflikt zu welcher Lösung führen möchte.

> *Wer die Zukunft antizipieren will (nicht nur im Konfliktfall), muss Rückschlägen vorbeugen, Notfallpläne in die Schublade legen, mit dem Worst Case rechnen und sich darauf einstellen, eine glaubhafte Vision fürs eigene Leben und das eigene Vorgehen (in Konflikten) zurechtlegen – und sich daran halten.*

Es ist klar, dass Menschen, die einen Plan von ihrem künftigen Leben haben, die wissen, wo sie hinwollen, mehr Widerstandskraft, mehr Überlebensenergie haben als diejenigen, die größte Wünsche haben und sich den Weg dahin nicht vorstellen können.

Wie werden Sie resilient(er)?

Sicher haben Sie jede Menge Anregungen aus den vorangegangenen Seiten mitgenommen. Ja? Dann legen Sie los. Probieren Sie was aus. Folgende Tipps unterstützen Sie dabei. Sie helfen Ihnen, Ihre Resilienz zu stärken:

- Sobald Sie merken, dass Sie in negative Gedankenkreisläufe geraten: Legen Sie einen Gedankenstopp ein.
- Verbieten Sie sich das Brüten und Klagen (nachdem Sie eine Weile gebrütet und geklagt haben). Überlegen Sie gezielt: Was bringt mich jetzt weiter?
- Schreiben Sie die immer gleichen, destruktiven Selbstgespräche auf, picken Sie den negativen Anteil heraus und ersetzen Sie diesen durch einen positiven. Zum Beispiel: «Immer wenn's eng wird, verhaue ich meine Tennisvorhand!» Ersetzen durch: «Je enger es wird, desto ruhiger und kraftvoller ziehe ich die Vorhand durch!»
- Denken Sie weniger, tun Sie mehr. Resiliente Menschen sind handlungsstark.
- Gehen Sie regelmäßig die sieben Säulen der Resilienz durch: Wo könnten Sie noch was bei sich verbessern? Auch Weltmeister trainieren ständig.

- Stärken Sie Ihre Selbstbeobachtung. Es ist wichtig, negative Gedanken und Gefühle so früh wie möglich zu bemerken, um sofort intervenieren zu können. Je früher, desto besser.
- Sobald Sie in einer brenzligen Situation Ihren gesunden Menschenverstand wieder einschalten können, wachsen auch Ihre Erfolgsaussichten.

Resiliente haben's besser

- Je resilienter ein Mensch, desto konfliktstärker ist er.
- Selbst große, schwere, bedrohliche, existenzielle Konflikte überstehen Sie weitaus besser, je resilienter Sie sind.
- Negative Gedanken schwächen Ihre Konfliktstärke.
- Wenn ein Mensch nicht ausreichend resilient ist, nützen die tollsten Konflikttechniken herzlich wenig.
- Das heißt: Wenn Sie sich nicht ausreichend konfliktstark fühlen, arbeiten Sie nicht nur an Ihrer Gesprächstechnik und an Ihren Konfliktwerkzeugen, sondern auch an Ihrer Resilienz.
- Mangelnde Resilienz ist ein Ressourcenvernichter und Konfliktverschlimmerer im eigenen Kopf.

Checkliste Resilienz

Wie weit können Sie folgenden Aussagen spontan zustimmen?

Es gelingt mir, auch das Positive an einem Konflikt, das Positive an den Interessen meines Gegenübers zu entdecken.
❏ Trifft nicht zu   ❏ ein wenig   ❏ oft   ❏ immer

Ich mache das Beste aus jedem Konflikt.
❏ Trifft nicht zu   ❏ ein wenig   ❏ oft   ❏ immer

Ich kann auch in Konflikten die kleinen Freuden, die positiven Signale des Partners wertschätzen.
❏ Trifft nicht zu   ❏ ein wenig   ❏ oft   ❏ immer

Ich bin in meiner Wahrnehmung spezifisch, konkret und generalisiere nicht.

❏ Trifft nicht zu   ❏ ein wenig   ❏ oft   ❏ immer

Ich sehe nicht nur den Konflikt, sondern auch die Möglichkeiten, die er mir bietet.

❏ Trifft nicht zu   ❏ ein wenig   ❏ oft   ❏ immer

Auch wenn ich in einem Konflikt mal den Kürzeren ziehe, lasse ich den Kopf nicht hängen. Dafür gewinne ich andere Konflikte.

❏ Trifft nicht zu   ❏ ein wenig   ❏ oft   ❏ immer

Wenn es in einem Konfliktgespräch mal nicht so gut läuft, kläre ich ab, woran das liegen mag.

❏ Trifft nicht zu   ❏ ein wenig   ❏ oft   ❏ immer

Mein Motto im Konflikt (und im restlichen Leben) ist: Nimm die Dinge, wie sie sind, und mach das Beste draus!

❏ Trifft nicht zu   ❏ ein wenig   ❏ oft   ❏ immer

In einem Konflikt beschäftige ich mich am meisten mit der Lösung.

❏ Trifft nicht zu   ❏ ein wenig   ❏ oft   ❏ immer

In einem Konflikt gelingt es mir schon irgendwie, meine Interessen zu wahren.

❏ Trifft nicht zu   ❏ ein wenig   ❏ oft   ❏ immer

Ich kann beobachtbare Tatsachen von Gedanken und Gefühlen unterscheiden.

❏ Trifft nicht zu   ❏ ein wenig   ❏ oft   ❏ immer

Ich habe eine gute Vorstellung davon, wie ich einen konkreten Konflikt zur Lösung führen kann.

❏ Trifft nicht zu   ❏ ein wenig   ❏ oft   ❏ immer

Ich habe Menschen, die mir in allen Konfliktlagen helfen können und auch helfen werden.
❏ Trifft nicht zu   ❏ ein wenig   ❏ oft   ❏ immer

Je mehr Konflikte ich löse, desto sicherer werde ich.
❏ Trifft nicht zu   ❏ ein wenig   ❏ oft   ❏ immer

Auswertung

Trifft nicht zu: 1 Punkt
Trifft ein wenig zu: 2 Punkte
Trifft oft zu: 3 Punkte
Trifft immer zu: 4 Punkte

46 bis 56 Punkte: Sehr resilient
35 bis 45 Punkte: Resilient
24 bis 34 Punkte: Wenig resilient
14 bis 23 Punkte: Zu wenig resilient

Emotionale Intelligenz:
Gefühle, nicht nur Argumente entscheiden

Die meisten Menschen glauben, sie könnten Konflikte gewinnen, wenn sie die besseren Argumente vorbringen, überzeugender wirken, rhetorisch auftrumpfen. Ein grandioser Irrtum.

Wer die Nerven verliert und sich verkrampft, verliert den Konflikt – auch mit den besten Argumenten.

Wir wissen das im Grunde längst. Denn nach Streitereien haben wir uns schon oft gefragt: «Was ist mir denn da wieder rausgerutscht?» Oder: «Warum habe ich ihm diesen Vorwurf gemacht? Ich weiß doch, wie er immer ausrastet!» Oder: «Wieso habe ich das bloß gesagt?» Die Antwort auf alle diese Fragen heißt: Weil die Gefühle mit Ihnen durchgegangen sind. Nicht Ihr Verstand, sondern Ihre Emotionen haben Sie gelenkt. Sie haben Ihren Gefühlen so viel Raum und Macht gelassen, dass diese prompt die Leitung übernommen haben. Und? Hat es sich für Sie ausgezahlt? Das tut es nie.

Der Kontrollverlust über die eigenen Gefühle ist oft die größte Beeinträchtigung im Konflikt.

Warum haben wir uns denn gerade in Konflikten nicht besser unter Kontrolle? Weil wir nicht gelernt haben, mit Gefühlen umzugehen.

5-Punkte-Programm für Emotionen

Wie gehen wir normalerweise mit aufwühlenden, negativen Emotionen in Stress- oder Konfliktsituationen um? Richtig, wir verdrängen sie. Immer wieder. Bis sie sich so weit aufgestaut haben, dass wir sie nicht länger ignorieren können, bis es uns schier zerreißt, bis uns der Kragen platzt, die Sicherung durchknallt, der Deckel vom Topf fliegt.

Wer seine Gefühle ignoriert, ist wie ein Dampfkochtopf, bei dem der Druckausgleich nicht funktioniert: Irgendwann haut's den Deckel hoch. Zu wenig Druckausgleich ist daran schuld.

Und nun betrachten wir diesen mangelhaften Druckausgleich emotionaler Amateure aus den Augen eines Konfliktpartners: Erst nimmt er Sie als völlig ruhig war (solange Sie negative Emotionen noch in sich hineinfressen) – und dann, von einer Sekunde auf die andere, ohne geringste Vorwarnung, gehen Sie ihm plötzlich verbal an die Gurgel. Das muss selbst den härtesten Verhandler vor den Kopf stoßen – der Konflikt eskaliert. Es ist also weder für Sie noch für ihn gut, wenn Sie Emotionen in sich hineinfressen. Besser ist ein 5-Punkte-Programm:

1. Abstand einhalten
2. Eigene Gefühle zulassen
3. Gefühle abklären
4. Gefühle artikulieren
5. Mit der Reaktion umgehen

1. Abstand einhalten

Wenn Sie bereits zum verheerenden Verbalschlag ausholen, weil Sie auf 180 sind, ist es zu spät. Der Konfliktprofi achtet nicht nur mit Argusaugen auf seinen Partner und das, was er sagt, sondern zunächst einmal auf seine eigenen Gefühle – lange bevor ihm die Sicherung durchknallt.

Sobald Sie spüren, dass Ihre Erregung steigt, legen Sie eine Denkpause ein und fragen sich: Was ist los? Warum erhöht sich mein Innendruck? Was spüre ich? Welches Gefühl? Wodurch wurde es ausgelöst?

Wer auf diese Weise bewusst registriert, was ihn in Rage bringt, der entzieht einem unkontrollierten Gefühlsausbruch den nötigen Druck. Wer bemerkt, was ihn aus der Ruhe bringt, findet seine Ruhe wieder.

Schützen Sie gleichzeitig Ihr Selbstwertgefühl. Sagen Sie sich: «Von solchen Äußerungen lasse ich mich doch nicht aus der Ruhe bringen!»

Nehmen Sie innerlich Abstand zum gefühlsauslösenden Anlass. Lassen Sie Ihre Gefühle nicht blind mit sich durchgehen. Fassen Sie vielmehr ganz genau ins Auge, was Sie gerade emotional bewegt – damit gewinnen Sie den nötigen Abstand, um cool zu bleiben. Tipp: Schreiben Sie! Auf Papier in Form gebracht lassen sich Ihre Emotionen leichter fassen. Ein Teil der negativen Energie wird damit bereits verarbeitet und zur Aussprache vorbereitet.

2. Eigene Gefühle zulassen

Emotional Ungeschulte registrieren zwar in Konfliktsituationen oft ihre Gefühle, unterdrücken diese aber mit Gedanken wie: «Sei doch nicht immer gleich eingeschnappt!» Funktioniert das? Nein. Mit solchen Gedanken kämpft man an zwei Fronten: Mit dem Konfliktpartner und gegen die eigenen Gefühle. Da kann man eigentlich nur verlieren.

Für das Gefühlsleben gilt Actio = Reactio: Was Sie bekämpfen, wird stärker.

Bekämpfen Sie negative Gefühle nicht. Lassen Sie sie lieber zu, akzeptieren Sie sie, indem Sie sie beschreiben: «Aha, so fühlt sich also … (Ärger, Frust, Verletzung, Hass) an.» – «Meine Güte, wie … (wütend, ärgerlich, verletzt) mich so etwas macht!»

Jedes Gefühl, das Sie zulassen, ist gleich halb so schlimm.

Vor allem: Jedes Gefühl, das Sie zulassen, kann nicht mehr mit Ihnen davongaloppieren und Sie zu unbedachten Äußerungen hinreißen.

3. Gefühle abklären

Fragen Sie sich: Welches dieser Gefühle gehört zu dieser Situation? Welches nicht? Ein Beispiel dazu: Gerade eben haben Sie sich am Telefon fürchterlich über einen Kunden aufgeregt, jetzt kommt ein Kollege vorbei und möchte etwas von Ihnen, wozu Sie einfach keine Zeit haben. Was passiert? Er kriegt sein Fett ab. Und zwar nicht nur sein Fett, sondern auch noch etwas vom Kunden. Auf gut Deutsch: Sie lassen Ihren Frust über den Kunden am Kollegen aus. Der Konflikt mit dem Kollegen eskaliert in völlig unnötiger und für den Kollegen überdies unverständlicher Weise. Daher:

Trennen Sie Ihre Emotionen sauber und situationsbezogen.

Fragen Sie sich: Woher kommt dieses Gefühl? Aus der aktuellen Situation oder von woanders? Lösen Sie Ihre Emotionen nicht aus dem Kontext, zu dem Sie gehören.

4. Gefühle artikulieren

Normalerweise überlegen wir nicht, was wir sagen, wenn wir auf 180 oder verletzt sind. Wir platzen einfach mit dem Nächstbesten heraus, was uns in den Sinn kommt. Natürlich ist das Eskalation pur. Warum passiert uns das? Weil wir in die Gefühlsfalle tappen. Weil uns die Gefühle mitreißen.

Wenn Sie jedoch Ihre Gefühle durch die Schritte 1 bis 3 geführt haben, dann ist die Gefahr sehr gering, dass Sie sich impulsiv äußern. Sie sind gelassen genug, um sich zwei entscheidende Fragen zu stellen:

In welcher Form möchte ich meine Emotionen ausdrücken? Welche Reaktion werde ich beim Partner damit voraussichtlich auslösen?

Das Ergebnis dieser Überlegungen nennt man auch «geklärte Emotionalität». Stellen Sie sich bei der Affektartikulation auf Ihren aktuellen Konfliktpartner ein. Mancher verträgt mehr, mancher weniger.

Manche sagen: «Aber ich kann mich nicht so verstellen, wenn ich wütend bin! Ich muss doch ehrlich sagen, was mir auf dem Herzen brennt!» Das ist eine sehr einseitige, egoistische und unkluge Sichtweise, die sich mit einem schlagenden Beispiel kurieren lässt. Einer Mutter rutscht im Affekt die Hand aus, und sie ohrfeigt ihre siebenjährige Tochter, die ganz schön frech war. Das Kind fängt an zu heulen, die Mutter entschuldigt sich: «Ich war halt so wütend!» Die Tochter heult weiter, denn: Kein Mensch akzeptiert Emotionen als Entschuldigungsgrund für Fehlverhalten, nicht einmal das eigene Kind. Auch Kriminelle entschuldigen ihr Handeln gerne mit ihrer Affektlage. Das zieht nicht.

Sie fühlen … (was auch immer). Gut. Und nun überlegen Sie: In welcher Form und bis zu welchem Grad verträgt mein Partner meine Artikulation dieser Gefühle?

5. Mit der Reaktion umgehen

Manchmal berichten uns Seminarteilnehmer: «Ich habe meinem Konfliktpartner gesagt, wie ich mich fühle, wenn er mich so anblafft, und er hat gesagt, dass ich ihn mit diesem Gefühlsquatsch in Ruhe lassen soll, weil es um die Sache und nicht um meine Gefühle gehe! Das darf er doch nicht, wenn ich mir schon die Mühe mache, meine Gefühle zu artikulieren. Oder Ihre Technik funktioniert nicht!» Keines von beidem stimmt.

Gestehen Sie sich das Recht zu, Ihre Gefühle in geklärter Form zu artikulieren. Gestehen Sie Ihrem Partner jedoch im Gegenzug auch zu, in jedweder Weise darauf zu reagieren.

Wenn der Partner darauf unlogisch, unhöflich, ungezogen oder schlicht dämlich reagiert – sein Problem. Nicht Ihres. Nicht unseres. Nicht das der Technik. Sie können Ihre Gefühle artikulieren – aber Sie können anderen Menschen weder vorschreiben, wie sie darauf reagieren sollen, noch deren schlechte Kinderstube wiedergutmachen.

Legen Sie sich vor einer Äußerung zurecht, wie Sie schlimmstenfalls mit der Reaktion des Partners umgehen werden.

Eine Managerin sagte dazu: «Wenn ich meinem Chef sage, dass er wieder zu grob geworden ist, rechne ich immer damit, dass er darauf erst recht grob wird – und lege mir schon mal das freundlich-souveräne Lächeln dafür bereit. Ich werde nicht zulassen, dass er mich mit seiner Neandertaler-Reaktion aus der Fassung bringt. Aber ich werde auch nicht verschweigen, dass er sich daneben benommen hat.» Das ist die richtige Einstellung.

Mit Aggression zurechtkommen

Konflikte werden oft mit sehr viel Aggression auf beiden Seiten geführt. Deshalb empfinden die meisten Menschen Konflikte auch als negativ: Obwohl jeder Mensch in einem Gespräch relativ schnell auf Aggression einsteigt, leidet der Großteil der Menschheit unter dieser Aggression – was etwas eigenartig ist. Denn Aggression im ursprünglichen Sinne ist weder positiv noch negativ. «Aggredere» bedeutet im Lateinischen einfach nur: an etwas oder jemanden herangehen, etwas in Angriff nehmen. Das kann auf freundliche oder feindliche Art geschehen.

Aggression beruht meist auf Frustration: Ihr Konfliktpartner wollte etwas Bestimmtes erreichen, schafft das aber nicht und reagiert nun mit Frustration, Wut und Enttäuschung, die in zwei Verhaltensweisen münden kann:

a) Aggression im lateinischen Sinne: Da er bislang enttäuscht wurde, geht der Konfliktpartner sein Ziel jetzt eben vehementer, aggressiver an.

b) Resignation: Der Partner gibt sein Bemühen um Zielerreichung auf. Damit bleibt der Konflikt für ihn ungelöst.

Um mit Aggression besser umgehen zu können, empfiehlt es sich, sie in ihren Informationswert und ihren Feindseligkeitsgehalt aufzuspalten.

Da Aggression sich aus Frustration speist und auf ein bestimmtes Sachziel gerichtet ist, sagt Ihnen aggressives Verhalten – wenn Sie genau hinhören –, worin der Partner sich enttäuscht fühlt und welches Sachziel er aggressiv angeht. Das ist der Informationswert der Aggression. Regen Sie sich deshalb nicht allzu sehr über aggressive Gesprächspartner auf. Das hält Sie davon ab, den Informationsgehalt der Aggression zu identifizieren. Natürlich enthält jede Aggression auch eine gewisse Feindseligkeit. Diese sollten Sie gedanklich vom Informationsgehalt trennen und schlicht abhaken.

Wer Aggression sinnvoll einsetzen möchte (was durchaus empfehlenswert ist), sollte also seinen Informationswert hoch und seinen Feindseligkeitsgehalt gering halten.

Negativbeispiel: «Was soll der Quatsch? Sie bilden sich wohl weiß Gott was ein! Also so geht's nun wirklich nicht!» Negativ, da hoher Feindseligkeitsgehalt, geringer Informationswert (worum geht es eigentlich dem Aggressor?). Der Aggressor erreicht mit dieser Art Aggression selten, was er möchte.

Positivbeispiel: «Moment mal, also so geht's nun wirklich nicht. Ich erwarte 250 Einheiten von Artikelnummer 24/76, und Sie speisen mich mit 100 ab. Ich brauche mindestens noch weitere 100, sonst können Sie mich aber mal erleben!» Das ist vom Adrenalingehalt immer noch genauso aggressiv wie das Negativbeispiel – mit einem gewichtigen Unterschied: Der Informationsgehalt ist jetzt so hoch, dass der Angegriffene mitbekommt, was Sie überhaupt von ihm wollen.

Es gibt konstruktive Aggression. Nämlich jene mit hohem Informationsgehalt und geringer Feindseligkeit.

Konfliktkünstler zeichnen sich durch meisterhaften Gebrauch konstruktiver Aggression aus. Das zeigt sich an den Attributen, mit denen wir sie beschreiben: Durchsetzungsstärke, Drive, Mumm; sie bringen die Dinge mit Nachdruck auf den Punkt, nennen Ross und Reiter, reden Tacheles – aber vermeiden verletzende Feindseligkeiten.

Das EQ-Quadrat

Von Berufs wegen haben wir häufig Gelegenheit, Menschen in Konflikten zu beobachten. Erfahrene und unerfahrene. Was in Bezug auf die emotionale Intelligenz in Konflikten bei Unerfahrenen unter anderem auffällt: Sie sagen oft, was sie denken und fühlen – ohne offenbar vorher darüber nachgedacht zu haben, was sie damit beim Gegenüber auslösen. Sie sind sehr unverblümt in ihrem Ausdruck, aber auch sehr naiv: Sie rechnen nicht damit, dass sie mit ihren unbedachten Äußerungen verletzen und den Konflikt damit zur Eskalation bringen können.

In Konflikten werden grundsätzlich vier verschiedene Stile, mit Gefühlen umzugehen, unterschieden:

4 Umgangsstile mit Gefühlen im Konflikt

Authentizität	Wirkungs-bewusstsein
Naive Unverblümtheit	Manipulative Fassadenhaftigkeit

Es wird viel darauf hingewiesen, dass wir in der Kommunikation authentisch sein sollen. Das heißt: ehrlich, offen, echt in Bezug auf unsere Gefühle. Das EQ-Quadrat belehrt uns eines Besseren: Wer «nur» authentisch ist und immer sagt, was er gerade fühlt, kann andere damit ganz schön verletzen.

Um das zu vermeiden, sollte Authentizität immer auch mit Wirkungsbewusstsein gepaart sein: mit Takt, Empathie, diplomatischem Geschick. Zwischen beiden Quadraten erstreckt sich im Grunde ein Kontinuum: Manchmal ist reine Authentizität für einen besonders sensiblen Partner ungewollt verletzend – in diesem Fall sollten wir etwas mehr Wirkungsbewusstsein beisteuern.

Wird Authentizität maßlos übertrieben, landen wir beim Quadrat darunter: bei der naiven Unverblümtheit. Wer naiv und unverblümt kommuniziert, sagt immer, ohne nachzudenken, geradeheraus, was er gerade fühlt – schonungslos und unvorsichtig.

Ebenso findet Wirkungsbewusstsein in seiner haltlos übertriebenen Form ihren Niederschlag in der manipulativen Fassadenhaftigkeit: Wer nur noch diplomatisch denkt und nur auf Wirkung aus ist, verleugnet seine eigenen Gefühle völlig, um dem Gesprächspartner nach dem Mund zu reden und ihn letztendlich zu manipulieren.

Aus dem EQ-Quadrat können wir jede Menge nützlicher Tipps zum Umgang mit und zum Einsatz von Emotionen in Konflikten ableiten.

Tipps zum Umgang mit Emotionen

– Bleiben Sie (in Konflikten und anderswo) stets authentisch, aber gleichzeitig wirkungsbewusst.
– Wie authentisch und wie wirkungsbewusst – das Mischungsverhältnis hängt jeweils vom Konfliktpartner ab.
– Übertriebene Authentizität ist nicht besonders ehrlich oder edel, sondern vor allem tendenziell verletzend.
– Übertriebenes Wirkungsbewusstsein wirkt affig, aufgesetzt, fassadenhaft, manipulativ. Wie Goethe sagte: «Man merkt die Absicht und wirkt verstimmt.»
– Drücken Sie Ihre Gefühle ehrlich aus, aber bedenken Sie auch Gefühle, Situation und Zustand Ihres Partners.
– Seien Sie nicht zu wirkungsbewusst. Denn wenn Sie ständig überlegen, wie das Gesagte ankommt, bewirken Sie nichts, weil Sie zu seicht bleiben: Das kratzt den Partner alles gar nicht.
– Wenn Sie im Konflikt nur noch darüber nachdenken, wie Sie den Partner «rumkriegen», dann wird das erstens durchschaubar und zweitens sind Sie nicht mehr authentisch. Bleiben Sie lieber etwas mehr bei sich und dem, was Sie fühlen.

- Seien Sie nicht naiv! Tragen Sie Ihr Herz nicht auf der Zunge! Sie wissen nicht, was Sie damit auslösen.
- «Aber ich wollte doch nur ehrlich sein!», ist der weinerliche Entschuldigungsversuch eines naiv Unverblümten, der im Konflikt gescheitert ist.
- Um es ganz einfach zu machen: Bleiben Sie stets bei sich und Ihren Gefühlen – aber auch bei Ihrem Partner!
- Sobald diese Balance kippt, kippen auch Ihre Konfliktbemühungen.
- Solange diese Balance hält, ist der Konflikt auf gutem Wege zur Lösung – und kostet vor allem kaum Kraft und Nerven.

Wenn der Partner Sie dumm anquatscht

1. Bauen Sie bewusst und gezielt Ihre spontane und berechtigte Erregung ab! Lassen Sie den Feindseligkeitsgehalt seiner Tiraden nicht an sich heran. Halten Sie bewusst kognitiven Abstand, zum Beispiel mit dem einfachen Dissoziationstrick: «Hm, interessante Schimpfworte, die er da benutzt!» Was Sie distanziert und mit Humor innerlich kommentieren, kann Sie nicht mehr auf die Palme bringen.

2. So sehr Sie sich auch darüber aufregen möchten: Nehmen Sie die Gefühle des Partners hinter seinen Anwürfen ernst. Sehr ernst. Denn sie sind der Schlüssel zum Konflikterfolg. Sie können keine Konflikte unter Ausklammerung der Emotionen lösen! Das ist ein Irrglaube. Also nicht denken oder sagen: «Warum regt er sich denn so auf?» Sondern: «Er regt sich auf – also ist das wichtig für die Konfliktlösung.» Bei Feindseligkeiten: Auf keinen Fall Gleiches mit Gleichem vergelten. Lieber spiegeln: «Ich sehe, das regt dich sehr auf.» Das bedeutet Akzeptanz, die Botschaft ist: «Deine Gefühle kommen bei mir an, und ich nehme sie ernst!» Die implizite Grundbotschaft auf alle Gefühlsäußerungen des Partners muss sein: «Ich verstehe dich!» Unter uns gesagt bedeutet das natürlich: «Ich verstehe, dass du so fühlst – ich würde jedoch möglicherweise anders fühlen.»

3. Eine Entschuldigung kostet nichts. «Es tut mir leid, dass Sie sich so aufregen. Erklären Sie mir bitte den Grund.» Oder: «Ich sehe, dass Sie sich fürchterlich ärgern. Das tut mir leid. Was ist der konkrete Grund dafür?»

4. Wenn nötig, wenn es gar zu viel wird, wenn Sie kaum noch an sich halten können oder einfach die Schnauze voll haben, bitten Sie mit einer Ich-Botschaft um eine Pause, anstatt ebenfalls rumzupöbeln: «Ich brauche jetzt fünf Minuten Pause, okay?»

5. Fragen Sie bei Gefühlsäußerungen des Partners stets nach. Fallen Sie nicht auf die Gottesillusion herein: Nur Gott weiß, warum ein Mensch das fühlt, was er fühlt. Also fragen Sie nach: «Entschuldigen Sie, aber warum ist das so schlimm? Warum ist das so ärgerlich für Sie? Was befürchten Sie? Was ist der Grund für Ihre Wut?» Fragen Sie so lange nach, bis Ihnen das ganze Bild seiner emotionalen Landschaft komplett klar ist oder zumindest klarer geworden ist.

6. Die Bearbeitung seiner Emotionen hat ein Ziel und einen Zweck: Erst wenn emotional alles geklärt ist, können Sie auch sachlich wieder konstruktiv weitermachen.

Die Gefühle Ihres Konfliktpartners sind sehr viel wichtiger als seine Argumente!

Tipp: Zuerst verstehen, dann selbst verstanden werden. Geben Sie dem Partner Vorrang. Machen Sie den ersten Schritt. Einer der größten Fehler von amateurhaften Konfliktlösern ist, sich zu sehr auf die Sache, die Argumente, die Meinungen und Lösungen zu kaprizieren – und zu wenig auf die beiderseitigen Gefühle einzugehen. Oder wie ein Profi-Verhandler es einmal ausdrückte:

«Wenn die Emotionen einmal geklärt sind, ist die sachliche Lösung ein Klacks.»

Beziehungskunst:
Erst die Beziehung, dann die Sache

Was wollen die meisten Menschen, wenn sie in einen Konflikt geraten? Ihn gewinnen? Nicht ganz. Überlegen Sie einen Augenblick, wie Sie reagieren. Wenn ein Kollege Sie aggressiv anquatscht, Ihnen Vorhaltungen macht – was fühlen Sie dann? «Ich will mich hier nicht zum Affen machen lassen. Ich will mir nicht an den Karren fahren lassen. Ich möchte nicht unter die Räder kommen» sind die am häufigsten geäußerten Ängste.

Die meisten Streitenden wollen Sie nicht unterbuttern, über den Tisch ziehen, beleidigen, ärgern. Sie wollen bloß nicht zu Schaden kommen – wie Sie auch.

Gerade deshalb versuchen sie, im Konflikt die Oberhand zu gewinnen: Nicht weil sie den Konflikt gewinnen wollen, sondern weil sie glauben, sich auf diese Weise am besten davor schützen zu können, untergebuttert zu werden. Sie handeln nach dem Grundsatz: Angriff ist die beste Verteidigung.

Menschen verhalten sich in Konflikten nicht deshalb arrogant oder aggressiv, weil sie arrogante oder aggressive Besserwisser sind. Sie nehmen dieses Verhalten in den meisten Fällen aus Selbstschutz, aus empfundener Notwehr an.

Weil sie nicht wollen, dass der Partner die Oberhand gewinnt, streben sie diese selbst an; frei nach dem Motto: «Was ich nicht will, was man mir tu', das füg ich schnell dem andern zu!» Was ist das Resultat dieser Bemühung? Dass der Konfliktpartner noch mehr Angst bekommt, das Nachsehen zu haben – und nun seinerseits mit Macht versucht, die Oberhand zu gewinnen. So schaukelt sich der Konflikt in bewährter Weise hoch (womit nebenbei auch geklärt wäre, aus welchem vertrackten Grund Konflikte eigentlich immer so schnell und gründlich eskalieren). Schließlich werden zwei Streitende zu Kampfhähnen und gehen aufeinander los, eigentlich wider Willen, weil sie sich im Grunde bloß schützen wollen. Die Intention ist verständlich, aber das Ergebnis immer dasselbe: Es kommt schlicht nichts dabei heraus. Im Gegenteil. Alles wird nur noch schlimmer, weil man unheimlich viel Zeit, Nerven und Ressourcen mit der Eskalation vernichtet (die beiderseitige Beziehung übrigens auch). Wie kommen Sie runter von diesem sinnlosen und kraftraubenden Eskalationskarussell?

Beziehung vor Sache

Wie können Sie verhindern, bei einem Konflikt in eine Verteidigungshaltung zu rutschen und damit die Eskalation loszutreten? Die Strategie ist relativ simpel:

> *Wenn keiner Angst haben muss, unter die Räder zu kommen, dann braucht sich auch keiner zu verteidigen.*

Wie könnte es gelingen, angstfrei zu streiten? Dazu müssten beide Partner glaubhaft versichern, dass sie eben nicht die Oberhand gewinnen, sich nicht einseitig durchsetzen möchten. Diese glaubhafte gegenseitige Versicherung nennt der Konfliktexperte Beziehungsklärung. Sie ist absolut entscheidend für Konfliktverlauf und Konflikterfolg.

> *Ohne Beziehungsklärung: Eskalation. Mit Beziehungsklärung: Konfliktklärung.*

Erst wenn Sie die Beziehung geklärt haben, macht es überhaupt Sinn, über die Sache zu reden, um die es im Konflikt eigentlich geht. Ein allerdings revolutionärer Gedanke, der völlig von der geübten Praxis abweicht. Denn in der Praxis streiten sich Konfliktamateure in der Regel – für sie völlig logisch – um Sachen, Dinge, Argumente, Vorwürfe, Rechtfertigungen. Und wundern sich, dass sie sich endlos in der Eskalationsspirale drehen, dass Konflikte so stressig und unproduktiv sind. Dabei ist der Grund eigentlich simpel: Solange Sie Ihre Beziehung nicht geklärt haben, können Sie auch die Sache nicht zufriedenstellend klären. War Ihnen dies bisher nicht klar? Kein Vorwurf: Dieser Aspekt des Konfliktmanagements ist so gut wie unbekannt. Kaum einer weiß darüber Bescheid – eben nur die Meister des Fachs. Deshalb sind sie so konfliktstark. Wenn Beziehungsklärung so wichtig ist, wie gehen Sie dann dabei vor?

Die Beziehung klären

Angenommen, der Chef ruft Sie zu sich. Sie haben keine Ahnung, worum es geht. Sie wissen lediglich, dass Ihre Abteilung restrukturiert wird und eines Ihrer Projekte ziemlich hinterm Zeitplan herhinkt. Sie treffen mit gehörig Bammel im Vorzimmer vom Chef ein und fragen sich bange: Kommt jetzt die große Gardinenpredigt? Werde ich womöglich rausgeworfen, zurückgestuft, abgeschoben?

Tatsächlich spricht der Boss sofort Ihr verspätetes Projekt an. Sie legen sich schon mal die besten Entschuldigungen zurecht, um die Schuld von sich zu weisen. Das heißt, Sie bereiten sich innerlich darauf vor, dem Chef zu beweisen, dass er Unrecht und Sie Recht haben: Sie können doch gar nichts dafür, dass Ihr Projekt verspätet ist. Das liegt bloß an den doofen Entwicklern, die wie immer zu viel Zeit für ihre Arbeitspakete benötigt haben! Ohne es zu wollen, legen Sie damit gedanklich den Grundstein für eine Eskalation Ihres Gesprächs. Denn der Chef wird Ihre Entschuldigungen sicher nicht gelten lassen (so gut kennen Sie Ihren Vorgesetzten) und seinerseits dagegenhalten, worauf Sie Ihrerseits kontern – die übliche Eskalation eben. Mitten in diese Gedanken hinein sagt Ihr Chef: «Ich gehe davon aus, dass wir für die Dauer unseres kurzen Gesprächs auf Augenhöhe miteinander reden. Ich werde Ihnen hier nicht die Leviten lesen, das wäre ja noch schöner. Sie sind der Projektleiter meines Vertrauens, und wir werden jetzt gemeinsam diskutieren, wie wir Ihr Projekt wieder zurück auf Erfolgskurs bringen.»

Was fühlen Sie? Das Plumpsen des sprichwörtlichen Steins. Warum? Weil der Chef Ihre Beziehung geklärt hat. Er hat die Beziehung nicht definiert als: «Ich großer Macker, du kleiner Fisch, den ich jetzt zur Schnecke machen werde.» Sondern er hat gesagt: «Für dieses Gespräch sind wir Fachkollegen.» Damit ist die Beziehung geklärt. Sie sagen darauf: «Klar, Chef, einverstanden.» Damit haben Sie seine Beziehungsdefinition angenommen.

Eine geklärte und akzeptierte Beziehungsdefinition ist Voraussetzung für eine tragfähige Beziehung und damit auch für den Konflikterfolg.

Deshalb pflegen Experten den für Laien ziemlich dumm klingenden Spruch: «Konflikte sind Chancen.» Sie sind es dann, wenn die Beziehung vorher geklärt wird. Im vorliegenden Beispiel ist die Beziehungsdefinition eine partnerschaftliche (der Chef stellt sich auf eine Ebene mit dem Mitarbeiter). Muss das sein? Nein. Der Chef hätte genauso gut sagen können: «Seien Sie mir nicht böse, aber bei Projekten dieser Art habe ich zwanzig Jahre mehr Erfahrung als Sie – kein Vorwurf. Das heißt nur, dass ich Ihnen jetzt ein paar Problemlösungsvorschläge machen werde und Sie sagen mir, was Sie davon halten.»

Was macht der Chef da? Er definiert offensichtlich eine Beziehung mit Beziehungsgefälle: Er oben, Sie unten. Was machen Sie? Wenn Ihnen völlig klar ist, dass der Chef mehr Erfahrung hat als Sie und Sie das auch ohne Weiteres akzeptieren können, dann haben wir eine geklärte und tragfähige Beziehung mit Beziehungsgefälle: Chef oben, Sie unten.

Wenn Sie dagegen denken: «Deine Erfahrung, lieber Chef, ist heutzutage keinen Pfifferling mehr wert!», dann haben Sie ein Problem. Die Beziehung ist nicht geklärt und nicht tragfähig. Wenn weder Sie noch der Chef das laut aussprechen (weil wir Menschen selten an Beziehungen denken, wenn wir streiten), startet eine Höllenmaschine: Jeder geht davon aus, dass der andere nachgeben muss. Der Chef erwartet das, weil er mehr Erfahrung für sich reklamiert. Sie, weil Sie seine Erfahrung nicht gelten lassen. Weil das aber keiner explizit artikuliert, kommt es jetzt innerhalb des eigentlichen Sachkonflikts («Ihr

Projekt ist hinterm Plan!») plötzlich zu einem Beziehungskonflikt («Ich habe mehr Erfahrung als Sie!» – «Pustekuchen, Chef!»).

In den meisten Konflikten, die eskalieren, geht es längst nicht mehr um die Sache. Es geht um die Beziehung, die nie geklärt wurde.

Genau aus diesem Grund gibt es das Phänomen, dass Menschen sich buchstäblich seit Jahr(zehnt)en schon streiten – ohne dass einer sagen könnte, worum es eigentlich geht oder wie der Streit angefangen hat. Das ist völlig logisch. Denn um die «eigentliche» Sache geht es längst nicht mehr. Der Streit ist schon lange auf die Beziehung durchgeschlagen, persönlich geworden. Konfliktamateure steigen an dieser Stelle regelmäßig gedanklich aus. Sie können es einfach nicht fassen: «Was? Es geht gar nicht mehr um die Sache? Es geht um die Beziehung? Was soll denn das heißen?» Konfliktprofis dagegen fassen den Vorsatz:

Immer erst die Beziehung aktiv klären! Und Übereinstimmung über die Beziehungsdefinition erzielen!

Die dicke Planke

Vielleicht passiert Ihnen das auch hin und wieder: Sie streiten sich mit einem Partner, Ihnen rutscht etwas furchtbar Dummes raus, aber der Partner überhört das glatt. Genau so, wie Sie es überhören, wenn er mal kurz Unfug redet. Warum? Weil Sie sich gut verstehen. Weil Ihre Beziehung klar ist. Einem guten Kumpel, der besten Freundin sehen Sie ja auch vieles nach, was er oder sie so dahersagt, wenn der Tag lang ist. Warum? Weil Ihre Beziehung geklärt ist: Sie sind Partner, gleichberechtigt, keine Rivalen. Keiner muss den anderen unterbuttern. Also kann man getrost den einen oder anderen Misston wegstecken: Bedeutet ja nichts! So eine gefestigte Beziehung ist ein Riesenvorteil in jedem Konflikt, in jeder Verhandlung, in jeder Kommunikation:

Eine tragfähige Beziehung hält unheimlich viel aus. Sie ist wie eine dicke Planke, die beide Partner miteinander verbindet.

Das Gegenteil trifft auf ungeklärte Beziehungen zu: Da gehen sich die beiden Gesprächspartner schon wegen des kleinsten Versprechers, des kleinsten Versehens mit Wucht an den Kragen. Weil jeder schon von vornherein annimmt, dass der andere einen wieder nicht ernst nimmt. Jeder kleine Funke führt sofort zur Detonation. Weil jeder nur darauf lauert, den kleinsten Fehler des anderen sofort auszunutzen und selbst die Oberhand zu gewinnen. Das Schlimmste an Konflikten ist deshalb die ungeklärte Beziehung, der Beziehungsnebel: Jeder hat sein eigenes Beziehungsmodell im Kopf, aber keiner kennt das des anderen, weil keiner den Mund aufmacht und über sein Beziehungsverständnis redet. Beziehungsklärung ist so wichtig, dass man sie bereits an der Grundschule lehren sollte.

Beziehungsklärung ist ein Universalwerkzeug mit extrem wohltuender prophylaktischer Wirkung.

Das heißt: Sie ist nicht nur für Konflikte gut, sondern ganz generell. Stellen Sie sich vor, Ihr Chef kommt ins nächste Meeting und sagt: «Für die nächsten zwei Stunden bin ich nicht euer Chef, sondern ein Kollege wie jeder andere auch. Ich habe nur eine Stimme, kein Veto. Also sagt, was ihr wirklich von unserem neuen Projekt haltet.» Wenn der Chef-Kollege das zwei Stunden lang durchhält (heroisch, aber realistisch), erfährt er in diesen zwei Stunden mehr als in zwei Monaten als Chef-Chef. Er könnte jedoch genauso gut sagen: «Für die nächsten zwei Stunden bin ich der Boss wie sonst auch. Ich will keine Grundsatzdiskussion, ich will, dass jeder von Ihnen ein Arbeitspaket bei unserem neuen Vorhaben übernimmt.» Auch dann weiß jeder: Nicht Meinung, sondern Mitarbeit ist gefragt; Maul halten und anpacken.

Die üblichen Missstimmungen tauchen nur dann im Meeting auf, wenn der Chef die Beziehung nicht klärt. Wenn die Mitarbeiter glauben, es sei ihre ehrliche Meinung gefragt, der Chef aber bloß Zustimmung hören will. Oder wenn die Mitarbeiter glauben, sie sollen mal wieder ein Hobby-Projekt vom Boss stumm abnicken, während der Chef ehrliches Feedback erwartet. Sparen Sie sich an dieser Stelle Ihre

Kulturkritik: Natürlich ist der Mensch ein etwas zurückgebliebenes Wesen, wenn er es noch nicht einmal schafft, seine eigenen Erwartungen zu artikulieren. Doch genau das wollen wir hier ja ändern.

Klären Sie!

Weil die Beziehungsklärung so eminent wichtig ist, wenden wir sie zur Übung auf zwei typische Alltagsfälle an. Angenommen, Ihr Beziehungspartner hat ohne Ihr Wissen Geld in beträchtlicher Höhe von einem gemeinsamen Konto abgehoben, über das Sie einst einvernehmlich vereinbart haben, dass davon nur abgehoben wird, wenn beide zustimmen. Jetzt konfrontieren Sie ihn damit. Sie sind ziemlich angefressen. Was erwarten Sie?

Natürlich wird der Partner sofort die Nackenhaare aufstellen und sich verteidigen. Wenn Sie auch nur rudimentäre Beziehungserfahrung haben, können Sie den großen Beziehungskrach förmlich riechen. Warum reagiert Ihr Partner sofort mit Entschuldigung oder gar Gegenangriff («Du hättest ja sowieso nie zugestimmt!»)? Weil er ein schlechtes Gewissen hat? Das ist die negative Unterstellung. Wie lautet die positive Unterstellung? Jene Unterstellung, mit der dieses Kapitel begonnen hat? Sehen Sie, gar nicht so leicht zu merken. Deshalb nochmals:

Partner geraten in Rage, weil und wenn sie Angst haben. Sie haben Angst, wenn die Beziehung nicht geklärt ist.

Also klären Sie sie. Ihr Partner hat nämlich in dem Moment Angst, dass Sie ihm mit Scheidung drohen, ihn in die Wüste schicken wollen, ihn nicht mehr lieb haben. Das wollen Sie aber (mal angenommen) gar nicht. Also müssen Sie die Situation vorab klären – bevor Sie klären, warum er das Geld genommen hat: «Hör mal, Schatz, ich hab dich lieb, das weißt du, und daran ändert sich auch nichts. Also guck nicht so erschrocken. Ich will mir bloß anhören (und jetzt bitte vorwurfsfrei formulieren!), was deine Gründe dafür waren, das Geld abzuheben. Mehr nicht.»

Okay, Sie haben Recht: So eine beziehungsklärende Ansage erfordert geradezu titanische Selbstüberwindung. Als Beziehungspartner stehen Sie da, mit dem Kontoauszug in der Hand, und fühlen sich einfach nur mies, betrogen, hinters Licht geführt, für dumm verkauft. Am liebsten würden Sie den Partner am Schlafittchen packen und kurz mal kräftig durchschütteln. Deshalb befinden wir uns hier ja auch auf Ebene 3 des Konfliktmanagements: Es braucht einen echten Konfliktchampion, um in so einem Moment einzusehen, dass am Schlafittchen packen nicht weiterhilft. Wenn Sie es jedoch (auch mit Hilfe von Ebene 3, Kapitel «Emotionale Intelligenz») schaffen, sind Sie fein raus: Jede Wette, das Gespräch wird danach exorbitant weniger stressig, ja harmonisch ablaufen. Es werden keine Türen geschlagen, keine Tränen werden fließen (wenn Sie es schaffen, vorwurfsfrei zu bleiben).

Noch ein Beispiel. Einer Ihrer Mitarbeiter hat Mist gebaut. Sie zitieren ihn zu sich. Was sagen Sie ihm? Sicher nicht – als Erstes! –, dass er Mist gebaut hat. Woran denken Mitarbeiter in den heutigen Zeiten dann sofort? Abmahnung, Kündigung, zumindest böser Anschiss. In einem solchen Fall wird der Mitarbeiter völlig uneinsichtig vor Ihnen erscheinen, jede Verantwortung mit Händen und Füßen zurückweisen und mit Ihnen über jedes Iota streiten, das Sie vorbringen – und nicht, weil er verantwortungslos oder subversiv ist. Er hat bloß Angst. Um seinen Job. Um seine heile Haut.

Also was sagen Sie ihm? Sie nehmen ihm die Angst: «Herr Schmitt, entspannen Sie sich. Ich werde Sie weder abmahnen noch Ihnen kündigen; Gott behüte! Ich will bloß die Gründe für das Versehen klären und zusammen mit Ihnen diskutieren, wie Sie solche Patzer künftig vermeiden können.» Sie werden die Erleichterung des Mitarbeiters förmlich spüren können – und Ihre eigene. Danach wird das Gespräch wie's Brezelbacken ablaufen. Locker und produktiv, wie Mitarbeitergespräche bei konfliktstarken Führungskräften immer häufiger ablaufen. Wenn Sie also mal wieder einen Vorgesetzten klagen hören, dass seine Mitarbeiter «uneinsichtig» und «verantwortungsscheu» seien und ihm ständig widersprächen, dann wissen Sie jetzt: Noch einer, der Mitarbeitergespräche führt, ohne etwas von Beziehungsklärung zu verstehen. Jeder hat die Mitarbeiter, die er verdient.

Wenn ein Konfliktpartner sich bockig gibt, überlegen Sie, inwiefern Sie dazu beigetragen haben. Haben Sie etwa versäumt, erst eine tragfähige Beziehung herzustellen?

Ob Sie lieber eine gleichberechtigte oder eine Beziehung mit Gefälle eingehen sollten, müssen Sie von Gespräch zu Gespräch neu entscheiden. Manchmal ist der Chef sogar «unten» – weil er einem seiner Experten vertrauen muss. Egal, wie die Beziehung von Fall zu Fall definiert werden mag: Sie darf nicht im Nebel bleiben, sie muss geklärt werden!

Wenn Sie Konfliktstärke trainieren, sollten Sie nicht bloß Argumentation, Forderungsformulierung oder Neinsagen trainieren. Üben Sie auch, Beziehungen zu klären.

Wie lange können Sie?

Sie halten den Nutzen einer Beziehungsklärung für einleuchtend? Aber Sie bezweifeln, ob das in der Praxis auch so doll funktioniert? Glückwunsch, da denkt einer mit:

Es erfordert bereits Mut, Konfliktstärke und Artikulationsvermögen, um überhaupt erst mal die Beziehung zu klären, bevor man losstreitet. Doch dieser Beziehungsdefinition auch über das komplette Gespräch hinweg treu zu bleiben, erfordert noch mehr Können.

Wie viele Chefs haben in Meetings nicht schon erklärt, dass sie auch «nur eine Stimme» hätten und «ehrliche Meinungen» hören wollten, und haben danach die Leute zur Schnecke gemacht, wenn diese eine eigenständige Meinung vertraten (die von der des Chefs abwich)? So ein Malheur passiert Konfliktamateuren zwar unheimlich schnell – doch danach ist das Meeting natürlich gelaufen. Keiner sagt mehr ein ehrliches Wort, weil keiner wie der Kollege massakriert werden möchte.

Wenn Sie eine gleichberechtigte Beziehung vereinbart haben, dann dürfen Sie eine sich überraschend bietende Chance nicht nutzen, um die Oberhand zu gewinnen.

Nehmen wir mal an, Konfliktpartner B sagt etwas, womit Konfliktpartner A ihn aushebeln könnte. Beide haben zwar eine partnerschaftliche Beziehung vereinbart, doch exakt an dieser Stelle denkt der Amateur: «Was soll's! B wird zwar sauer sein, dass ich meine Partnerrolle aufgebe und Dominanz anstrebe – aber dafür gewinne ich die Oberhand, wenn ich diese Chance nutze!» Das ist eine Milchmädchenrechnung. Wer die Chance nutzt und unfair wird, verliert damit die Beziehung, die «dicke Planke» – und das schadet ihm letztendlich mehr, als ihm die unerwartete Chance nützt.

Widerstehen Sie der Versuchung! Bleiben Sie Ihrer einmal vereinbarten Beziehung treu. Denn jeder Sachgewinn wird durch den Beziehungsverlust überkompensiert.

Natürlich fällt es schwer, dieser Versuchung zu widerstehen. Doch der Lohn dafür ist auch entsprechend groß. Was aber, wenn es Ihr Partner ist, der sich nicht an die definierte Beziehung hält?

Der Partner fällt aus der Rolle

Sie hatten zwar mit Ihrem Partner eine gleichberechtigte Beziehung vereinbart, doch mitten im Gespräch macht er plötzlich Druck, wertet Ihre Argumente ab, bläst sich auf, strebt nach der Oberhand. Was tun? Die häufigsten Reaktionen sind:
- zurückschlagen!
- kneifen

Die Vorteile beider Reaktionen sind offensichtlich: «So was brauch ich mir nicht gefallen zu lassen!» und «Ach, darüber reg ich mich nicht mehr auf!». Die Nachteile sind es ebenso: Wer zurückschlägt, lässt den Konflikt eskalieren. Wer kneift, verrät seine eigenen Interessen. Die Lösung der Konfliktchampions funktioniert anders:

> *Wenn der Partner aus der Rolle fällt, bleiben Sie in Ihrer vereinbarten Rolle und benutzen Metakommunikation. Reden Sie darüber, in welchem Stil gerade kommuniziert wird.*

Zum Beispiel: «Hm, wir hatten vorher vereinbart, auf gleichberechtigter Ebene miteinander zu sprechen. Wenn wir das beibehalten wollen, sollten wir uns nicht anschreien.» Nützt das was?

> *Ein Appell an die Vernunft hilft meist. Denn wenn der Partner so vernünftig war, gleichberechtigte Rollen zu vereinbaren, ist er mit hoher Wahrscheinlichkeit auch so vernünftig, sich zur vereinbarten Beziehung zurückholen zu lassen.*

Gewiss: Wenn es hoch hergeht, kann es nötig sein, den Partner immer mal wieder «auf den Teppich» zurückzuholen. Das tun Profis sehr gerne, weil es konstruktiv ist, Spaß macht, Nutzen bringt – und Sie unheimlich souverän erscheinen lässt. Außerdem sind Sie sicher auch froh, wenn der Partner irgendwann zur Abwechslung mal Sie auf den Boden der Beziehung zurückholt.

Der Einsatz rhetorischer Mittel

Seiner vereinbarten Rolle in Konflikten treu zu bleiben, ist selbst dann schwer, wenn Menschen es sich wirklich ehrlich und fest vorgenommen haben. Die Leute fallen in Konflikten mit einer Regelmäßigkeit aus der Rolle, die verblüfft. Sie setzen immer wieder rhetorische Tricks ein, die mit ihrem Rollenverständnis überhaupt nicht zu vereinbaren sind. Um diese Ausrutscher in den Griff zu bekommen, betrachten wir zwei Dimensionen der Rhetorik:

- den Grad der Wertschätzung und
- die Größe des Freiraums

Das ist ein simpler Imperativ, der dennoch Profis von Amateuren unterscheidet. Amateure handeln nämlich beim Einsatz von Rhetorik nach der impliziten Annahme: «Wenn es mir einen Vorteil verschafft, den Partner unter Druck setzt, dann ist es gute Rhetorik!» Nein, dann ist es unkontrollierte Rhetorik. Es gibt ein probates und einfaches Mittel, die eigene Rhetorik im Griff zu behalten: ein simples Koordinatenkreuz.

Beziehungs-Koordinatenkreuz

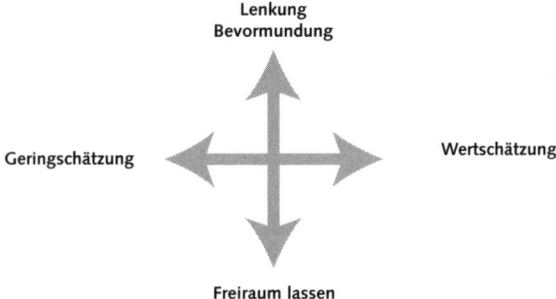

Beim Beziehungs-Koordinatenkreuz frage ich mich:
- Wenn ich auf beiden Achsen einzeichne, wie ich mit meinem Partner umgehe: Wo befindet sich der Schnittpunkt?
- Und umgekehrt: Wie fühle ich mich von meinem Partner behandelt?
- Was heißt das für die aktuelle Beziehungsgestaltung?

Erarbeiten wir uns das Koordinatenkreuz gleich am Beispiel: Wenn Sie vor einem Konfliktgespräch zum Beispiel eine partnerschaftliche Beziehung vereinbaren, dann verbietet sich automatisch die Bevormundung des Partners. Dann sollten Sie ihm vielmehr großen Freiraum geben – und jede Menge Wertschätzung. Das hört sich vernünftig an, ist in der Praxis aber nicht ganz leicht. Denn wie schnell rutscht einem ein unbedachtes Wort durch? Deshalb ist es gut, wenn Sie sich hin und wieder selbst beim Reden zuhören und sich folgende Kontrollfragen stellen:

- Wie passt mein augenblickliches Verhalten zu meiner vereinbarten Rolle?
- Würde ein … (gleichberechtigter, über-/untergeordneter) Partner so etwas sagen?
- Gebe ich meinem Partner genug Freiraum?
- Oder versuche ich (unbewusst!), ihn zu lenken oder zu bevormunden?
- Ist das, was ich sage, wertschätzend genug?
- Oder muss sich ein vernünftiger Partner bei dem, was ich sage, geringgeschätzt vorkommen?

Versteckte Beziehungsangebote

Kleines Quiz zur Auflockerung: Was bedeuten folgende Gesten für die Beziehungsklärung?

1. Der Chef kommt hinter seinem Schreibtisch hervor und lädt Sie in die Besprechungsecke ein.
2. Er legt Ihnen bei der Begrüßung gönnerhaft die Hand auf die Schulter.
3. Ein Kunde kommt zwanzig Minuten zu spät zu einem vereinbarten Gesprächstermin – ohne vorher telefonisch seine Verspätung avisiert zu haben.
4. Ein Kollege unterbricht Sie ständig im Gespräch.

Im ersten Fall signalisiert der Chef mit hoher Wahrscheinlichkeit eine partnerschaftliche Beziehungsabsicht: Er verschanzt sich ausnahmsweise nicht hinter seinem bunkerhaften Schreibtisch, der Dominanz signalisieren soll, sondern setzt sich zu Ihnen in die «Kumpelecke». Im zweiten Fall dagegen signalisiert er nonverbal, gestisch eine Beziehung mit Gefälle: Wer Ihnen gönnerhaft die Hand auf die Schulter legt, will kein Partner sein, sondern etwas Besseres als Sie. Im dritten Fall hält der Kunde sich offensichtlich für wesentlich wichtiger als Sie. Er, der König, ist Kunde – und Sie aus seiner Sicht bloß der Lieferant, der zu hüpfen hat, wenn der Kunde «Jump!» sagt. Im vierten Fall fühlt sich der Kollege offensichtlich Ihnen gegenüber in einer Beziehung mit Gefälle: Wer andere unterbrechen darf, muss wichtiger sein.

Die Bedeutung dieser kleinen Gesten und Verhaltensweisen ist eigentlich jedem Laien klar – doch der Laie achtet meist gar nicht darauf. Er konzentriert sich viel zu sehr auf seine Argumente und darauf, nicht unter die Räder zu kommen. Für den Konfliktprofi jedoch sind diese kleinen, verräterischen Gesten so wichtig und unübersehbar wie rote Ampeln:

Die Beziehungsklärung wird von Konfliktlaien meist nonverbal vorgebracht, in Form von versteckten Beziehungsangeboten.

Im Normalfall übersehen wir solche versteckten Signale meist, weil wir uns viel zu sehr aufs Überzeugen, Überreden konzentrieren. Wenn wir uns jedoch wie ein Profi verhalten, die Augen aufmachen und die verräterischen Signale wahrnehmen, stellt sich die Frage: Was tun mit den versteckten Angeboten? Sie haben drei Möglichkeiten:

– Sie können die Signale ignorieren, hinnehmen, durchgehen lassen. Indem Sie sich zum Beispiel sagen: «Dass er sich mal wieder aufspielen muss, halte ich schon aus.»

– Sie können das nonverbale Rollenangebot annehmen: «Okay, er hat von diesem Thema eben doch mehr Ahnung als ich.»

– Sie können das Angebot zurückweisen. Das können Sie verbal tun, aber auch nonverbal. Wenn Sie zum Beispiel beim Eintreffen des ostentativ zu spät ankommenden Kunden stirnrunzelnd auf die Uhr schauen und ihm dann einen bedeutungsschwangeren Blick zuwerfen, versteht er ohne Weiteres, was damit gemeint ist: «Mit mir nicht, Genosse! Wenn du hier den großen Macker geben willst, dann mach dich auf Gegenwehr gefasst.»

Es lohnt sich ungemein, auf die Körpersprache des Konfliktpartners zu achten.

Angenommen, er fläzt sich auf seinem Stuhl, verschwindet fast unter der Tischkante, lehnt fünf Ihrer Vorschläge in Folge ab – was hat das zu bedeuten? Nun, wenn Sie eine partnerschaftliche Beziehung vereinbart haben, dann könnten Sie sich fragen: Verhält sich etwa so ein Partner? Oder eher ein Kind, das die komplette Verantwortung dem dabeisitzenden Erwachsenen übertragen möchte und sich schon mal schlafen legt? Wie kriegen Sie ihn aus seiner Trotzhaltung raus? Mit Metakommunikation: Reden Sie mit ihm darüber – aber wie immer vorwurfsfrei. Zum Beispiel: «Ich dachte, wir hatten vereinbart, dass wir gemeinsam an dem Problem arbeiten. Also machen Sie doch auch mal einen Vorschlag.» Wenn der Partner vorher mit Ihnen tatsächlich eine partnerschaftliche Beziehung vereinbart hat, wird er sich zur Ordnung rufen lassen (so oft das eben nötig ist).

Praxisbeispiel Beziehungskiste

Natascha und Raimund sind seit drei Monaten ein Paar. Eines Tages verlangt sie von ihm, dass er seinen Eintrag aus der Dating-Maschine nimmt, über die sie sich kennen gelernt haben. Natürlich macht er das sofort, weil er nicht den Eindruck erwecken möchte, es sei ihm mit der Beziehung nicht ernst. Als er nach weiteren zwei Monaten mal wieder surft, stellt er erstaunt fest, dass Nataschas Eintrag immer noch auf der Website prangt. Als Beziehungspartner ist er sauer, enttäuscht, frustriert. Als Konfliktprofi ist ihm klar: Seine Beziehungspartnerin strebt offensichtlich eine überlegene Position an.

Wenn ein Konfliktpartner zweierlei Maß anlegt, Ihnen nicht zugesteht, was er sich selbst zugesteht, seine Argumente auf- und Ihre abwertet, dann können Sie Geld darauf wetten, dass er eine überlegene Position anstrebt.

Wie reagiert Raimund? Recht vorbildlich, weshalb wir ihn auch als Vorbild analysieren:

- Er ignoriert seine Entdeckung nicht und sucht nach Erklärungen: «Sie hatte sicher noch keine Zeit dazu!» (siehe Turbo-Tipp 1: Augen auf!).
- Er hält nicht dagegen, vergilt Gleiches nicht mit Gleichem, indem er seinen Eintrag wieder aktiv schaltet.
- Er geht nicht in die Offensive, indem er ihr Vorhaltungen macht (dazu ist später auch noch Zeit).
- Er unterstellt seiner neuen Flamme erst einmal nichts Böses, sondern erinnert sich an einen wichtigen Grundsatz der Beziehungskunst:

Menschen suchen dann und nur dann die Oberhand, wenn sie Angst haben.

Da Natascha, wie der Name schon andeutet, aus Osteuropa kommt, unterstellt Raimund, dass sie Angst davor hat, von ihm verlassen zu werden und dann mutterseelenallein in einem fremden Land festzusitzen. Sie will sich mit ihrer Aktion gegen diese Eventualität absichern. Raimund erkennt: Eigentlich ist ihr Verhalten absolut rational. Er würde in ähnlicher Situation möglicherweise ähnlich reagieren. Zugegeben, diese Schlussfolgerung ist nicht besonders romantisch. Aber sie ist um Welten besser als ein handfester Beziehungskrach der Marke «Warum steht dein Bild noch im Netz, aber ich musste meines rausnehmen?» Raimund tut also das, worüber wir in diesem Kapitel gesprochen haben. Er gibt Natascha Sicherheit, indem er im engsten Sinne des Wortes die Beziehung klärt: «Du, hör mal, du bist für mich nicht was auf die Schnelle. Ich möchte schon gerne etwas Dauerhaftes mit dir.» Natürlich greift das nicht beim ersten Mal. Doch nachdem Raimund diese Beziehungsklärung bei weiteren Gelegenheiten einfließen lässt, verliert Natascha ihre Angst. Irgendwann ist auch ihre Kontaktanzeige aus dem Web verschwunden. Ohne dass es einen Beziehungskrach gab. Das ist das Schönste daran.

Beziehungsprofis machen's besser

Die Gefahr ist groß, dass Sie dieses Kapitel als reine Technik missverstehen à la: «Vor dem Schalten – kuppeln. Vor dem Schneiden – waschen. Vor dem Streiten – Beziehungsklärung.» Das wäre ein tragisches Missverständnis. Denn:

> *Beziehungsklärung ist weniger Technik als Haltung.*

Eine Haltung, die sagt: Selbst die besten Argumente und die genialste Rhetorik nützen mir nichts, wenn ich die Beziehung zum Konfliktpartner nicht klar und konsensfähig halten kann. Sie kennen sicher die Eisberg-Metapher:

> *Das, was Sie von einem Eisberg sehen, ist nur ein Siebtel seiner Masse. Sechs Siebtel lauern unter Wasser (und versenken Schiffe wie die Titanic).*

Also legen Sie sich ruhig Argumente zurecht, überlegen Sie sich eine Struktur für Ihr Gespräch – aber achten Sie vor allem auf das, was unter dem Wasserspiegel über Erfolg und Misserfolg entscheidet: die Beziehung. Halten Sie die Beziehung stets klar und konsensfähig und ziehen Sie Ihre Rolle in dieser Beziehung konsequent durch. Dann wird Ihnen der Konflikterfolg sicher sein.

Innere Konflikte: Die Kraft aus der Tiefe

Sicher haben Sie sich schon gefragt, warum Sie in manchen Konflikten unter die Räder kommen. Warum Sie gegen ganz bestimmte Konfliktpartner meist den Kürzeren ziehen, obwohl Sie die besseren Argumente haben. Warum Sie in vielen Situationen Ja sagen, obwohl Sie eigentlich Nein sagen möchten. Warum Sie sich nicht so oft und so gut durchsetzen können, wie Sie eigentlich gern möchten. Betrachten wir dazu eine typische Konfliktsituation aus dem Arbeitsalltag.

Michael ist Führungskraft und muss heute einem seiner Mitarbeiter die Leviten lesen. Der Gute hat Mist gebaut. Also ruft er ihn zu sich und sagt ihm: «Wie können Sie so eine Dummheit machen? Wenn Sie zu faul sind, um einen ausgehenden Auftrag nochmals auf Vollständigkeit abzuchecken, kann ich Ihnen auch nicht helfen! Ja, ich weiß, es laufen gerade zu viele Projekte, und Sie schieben seit Wochen Überstunden. Da passieren solche Fehler halt mal. Aber das darf trotzdem nicht sein! Also stellen Sie das künftig ab, treffen Sie die nötigen Maßnahmen, wenn hier mal wieder etwas weniger Stress ist …»

Das finden Sie jetzt etwas verwirrend? So geht es auch dem Mitarbeiter, der denkt: «Was ist mit dem Chef los? Einerseits macht er diesen Riesenaufstand. Andererseits scheint es ihm nicht wirklich wichtig zu sein. Also sitze ich das Ganze erst mal aus.» Sind das die Gedanken, die der Chef bei seinem Mitarbeiter auslösen wollte? Sicher nicht. Der Vorgesetzte ist in diesem Konflikt gescheitert. Er hat nicht klarmachen können, worum es ihm eigentlich geht.

> *Die meisten Menschen scheitern in Konfliktgesprächen nicht, weil der Konfliktpartner begriffsstutzig oder rücksichtslos, mächtiger oder überzeugender ist. Sondern weil sie nicht klarmachen können, was sie wollen. Weil es ihnen selbst nicht klar ist.*

Die meisten merken das noch nicht einmal. Sie merken zwar, dass sie sich nicht durchsetzen können. Doch sie schieben das auf den Konfliktpartner. In diesem Fall auf die Mitarbeiter: «Die sind halt begriffsstutzig und faul!» Ob sie das sind oder nicht, spielt jedoch keine Rolle. Denn der Fehler liegt eindeutig beim Sender, nicht beim Empfänger: Einerseits möchte der Chef in unserem Beispiel seinem Mitarbeiter am liebsten den Kopf abreißen. Also sagt er Dinge wie «Wie können Sie so eine Dummheit machen?» Andererseits möchte er nicht als Unmensch erscheinen. Deshalb sagt er Sachen wie: «Ja, ich weiß, es laufen gerade zu viele Projekte …» Das Dumme ist nur: Beide Aussagen widersprechen sich implizit, heben sich gegenseitig auf und torpedieren damit den Erfolg der Intervention des Vorgesetzten. Das passiert immer, wenn ein Konfliktpartner widerstreitende Ziele, Motive, Wünsche verfolgt.

> *In Konflikten scheitert, wer keine klare Position bezieht. Wer zwei konträre Motive gleichzeitig verfolgt, kann auch keine klare Position beziehen.*

Diese innere Zerrissenheit ist eine so genannte interne Handlungsbeeinträchtigung. Umgekehrt gilt:

> *Erst wer sich innerlich im Klaren ist, kann auch anderen etwas klarmachen!*

Je klarer die innere Botschaft, desto klarer die äußere Botschaft. Michaels Chef wäre ungleich erfolgreicher gewesen, wenn er sich vor dem Kritikgespräch drei Minuten Zeit genommen und sich zum Beispiel klargemacht hätte: «Höflich kann ich ein anderes Mal wieder sein. Heute muss ich Tacheles reden!»

Was wollen Sie eigentlich?

Wenn Sie Menschen beobachten, die sich in Konflikten mit bewundernswerter Häufigkeit durchsetzen, wird Ihnen auffallen, dass diese im Gespräch konsequent sind, eine klare Linie verfolgen, sich nicht vom Kurs abbringen lassen, ihr Ziel immer im Visier behalten, ohne Wenn und Aber. Man sieht ihnen förmlich an, dass sie Erfolg haben werden. Jedenfalls hundertmal eher als die Unentschlossenen, die buchstäblich nicht wissen, was sie wollen.

> *Gehen Sie nur und erst dann in ein Konfliktgespräch, wenn Ihnen völlig klar ist, was Sie eigentlich wollen.*

«Mir ist schon klar, was ich will», sagen an dieser Stelle viele. Wie schön. Dann überprüfen Sie das mal: Können Sie in einem Satz sagen, was Sie wollen? Ohne Einschränkungen? Aus voller Überzeugung?

Ohne Wenn und Aber? Nicht böse sein: Die wenigsten können es. Sollten sie aber.

Gehen Sie mit der größtmöglichen inneren Klarheit in ein äußeres Konfliktgespräch.

Schöner Nebeneffekt: Die innere Klarheit macht nicht nur äußerlich erfolgreich, sie hilft auch Ihrer inneren Entwicklung weiter. Je klarer Sie innerlich werden, desto stärker werden Ihr Selbstvertrauen und Ihre Gelassenheit auch in turbulenten Situationen. Wer sagen kann: «Ich weiß, was ich will», ist in jeder Situation souveräner und selbstbewusster. Oder anders ausgedrückt:

Bevor Sie einen äußeren Konflikt lösen können, sollten Sie Ihren inneren Konflikt lösen.

Michael hätte, bevor er das Gespräch mit seinem Mitarbeiter suchte, sich fragen sollen: «Was will ich eigentlich? Will ich ihn zur Schnecke machen? Oder will ich mich verständnisvoll zeigen?» Wenn wir ehrlich sind, müssen wir erkennen, dass wir vor vielen Konfliktgesprächen innerlich zerrissen sind. Soll ich ihn verlassen? Soll ich ihr endlich sagen, dass ich ihre ewigen Gemüseaufläufe überhaupt nicht mag? Sollte ich nicht endlich diesen verhassten Job loswerden? Müsste ich nicht mal mit meinem Chef über … reden? Alle diese Konflikte quälen uns nicht so sehr wegen ihres Sachinhalts, sondern weil wir unschlüssig sind. Auf der einen Seite möchten wir schon … Aber auf der anderen Seite dann wieder nicht … Es liegt auf der Hand, dass wir nicht besonders überzeugend wirken, wenn wir innerlich zerrissen sind. Vor jedem Konfliktgespräch sollten wir erst einmal innere Klarheit finden. Wie machen wir das?

Innere Klarheit finden

1. Nehmen Sie sich Zeit!

Innere Klarheit lässt sich nicht wie ein Lichtschalter anknipsen. Der Weg zur inneren Klarheit braucht etwas Zeit. Meist keine Stunden, aber einige ruhige Minuten schon. Diese Zeit sollten Sie sich nehmen, um buchstäblich zur Besinnung zu kommen. Wenn ein etwaiger Gefühlsüberschwang das nicht zulässt, wissen Sie inzwischen, was zu tun ist (siehe Ebene 3, Emotionale Intelligenz).

Die Indianer schickten ihre jungen Männer eine Nacht lang auf eine Bergspitze oder in ein tiefes Tal, damit sie zu sich finden und einen Namen für sich aussuchen konnten. So lange brauchen Sie nicht, aber einige Minuten schon. Und vergessen Sie das Argument «Dafür habe ich keine Zeit!». Denn wer sich diese Zeit nimmt, spart danach mächtig viel Zeit im Konfliktgespräch selbst. Wie schon die Oma sagte: Vorbereitung ist die halbe Miete.

Warum stürzen wir uns oft genug ohne diese nötige Vorbereitung in ein Konfliktgespräch? Weil es einfacher ist, ein Konfliktgespräch vom Zaun zu brechen, als in sich zu gehen. Einfacher, aber nicht erfolgreicher. Wir stürzen uns auch deshalb ohne ausreichende innerliche Vorbereitung in einen Konflikt, weil wir meist total darauf fixiert sind, den Konflikt äußerlich zu lösen, im Clinch mit einem Konfliktpartner. Wir haben noch nicht wirklich verinnerlicht:

Wer einen Konflikt im Außen lösen will, muss ihn erst im Innen lösen.

2. Erkennen Sie den inneren Konflikt!

Viel ist schon gewonnen, wenn Sie sich erst einmal klarmachen, was in Ihrem Inneren abläuft: «Hoppla, dieses komische Gefühl ist wohl ein innerer Konflikt.» Erforschen Sie ihn: Aus welchen widerstreitenden inneren Motiven besteht er? Wie lange gibt es ihn schon? Hat er sich über die Zeit verändert? Wovon hängt das jeweils ab? Gibt es Vermeidungs- oder Verdrängungstendenzen Ihrerseits?

135

Je besser Sie Ihren inneren Konflikt kennen, desto eher lösen Sie den äußeren.

3. Trennen Sie Gefühle von Wahrnehmungen!

Was wirft Michael seinem Mitarbeiter vor? «Wenn Sie zu faul sind, um einen ausgehenden Auftrag nochmals abzuchecken, kann ich Ihnen auch nicht helfen!» Dient dieser Vorwurf der Konfliktklärung? Nein, er bringt den Mitarbeiter eher auf 180. Warum? Weil er Gefühle und Wahrnehmungen vermischt. Michael nimmt wahr, dass sein Mitarbeiter einem A-Kunden eine unvollständige Lieferung gesandt hat. Das macht ihn wütend, was ein Gefühl ist.

Trennen Sie im Konfliktgespräch zwischen Ihren Wahrnehmungen und dem Gefühl, das diese auslösen.

Michael vermischt beides, weshalb das Gespräch eskaliert. Viel besser hätte er gesagt: «Sie haben einem unserer besten Kunden nur drei Viertel einer wichtigen Lieferung geschickt. Ich kann Ihnen gar nicht sagen, wie wütend mich das macht.» Auf diese klare Trennung von Wahrnehmung und Gefühl hin hätte der Mitarbeiter sicher nicht so vehement reagiert wie auf den Vorwurf oben.

4. Innere Stimmen anhören

Angenommen, Sie gehen in ein Restaurant und sehen auf der Karte eine Ihrer Lieblingsspeisen, die Sie schon lange nicht mehr genossen haben. Unwiderstehlich, aber eine echte Kalorienbombe. Wenn Sie ein gutes Gehör haben, werden Sie im Kopf eine wahre Operette hören können:

Stimme 1: «Sofort bestellen! Da läuft mir ja das Wasser im Munde zusammen!»
Stimme 2: «Völlig übergeschnappt? Das enthält locker über tausend Kilokalorien!»
Stimme 3: «Dann isst du morgen halt nur Obst zum Ausgleich!»
Stimme 4: «Das glaubst auch nur du! Das tust du doch nie!»

Und so weiter. Kennen wir ja alle (wobei nur die wenigsten Menschen dieses Zwiegespräch im Kopf bewusst wahrnehmen). Das Problem an dieser Psychooperette:

In inneren Konflikten setzt sich leider meist jene Stimme durch, die gerade am lautesten schreit – aber möglicherweise nicht wirklich am wichtigsten ist!

Typischerweise setzt sich in unserem Beispiel die «Sauerbratenstimme» durch. Was hören Sie dann nach dem Essen? Richtig. Keine zufrieden brummelnde, sanft verdauende innere Ruhe, sondern einen Katastrophenchor: «Wie konntest du das tun? Das sind locker zwei Kilo mehr auf der Waage! Kannst den Hals nicht vollkriegen! Du verdammter Vielfraß!» Und so weiter.

Warum melden sich die inneren Stimmen, um nach der Entscheidung nachzukarten? Weil es keine abgestimmte Entscheidung war. Eine Stimme hat sich tyrannenhaft durchgesetzt – und alle anderen sinnen danach auf Tyrannenmord. Daher: Hören Sie alle Ihre inneren Stimmen erst an und lassen Sie sie miteinander verhandeln. Zum Beispiel so:

1. Machen Sie Inventur! Welche inneren Stimmen melden sich zu einem bestimmten inneren Konflikt? Begrüßen Sie diese ohne Vorbehalt. Wenden Sie das Brainstorming-Prinzip an: Erst einmal sind alle herzlich willkommen. Blöde Stimmen gibt es von vornherein nicht.
2. Hören Sie wirklich alle Stimmen an! Auch und gerade die leisen, blöden, kindischen, unverständlichen. Verkneifen Sie sich Gesprächskiller wie «Ach, das ist doch Unfug!». Hören Sie erst mal an, was die Stimmen zu sagen haben.
3. Moderieren Sie danach die innere Diskussion!

Und vergessen Sie das Lieblingsargument gestresster Zeitgenossen. Das braucht nicht zu viel Zeit! Da Gedanken sich schneller als die Lichtgeschwindigkeit bewegen, kommt Ihnen das nur zu Beginn lange vor. Danach bewältigen Sie selbst komplexe innere Gespräche in Minutenschnelle.

Wenn da nicht ein Problem wäre: Moderieren können Sie nicht wirklich gut, richtig? Kein Vorwurf: Selbst gut ausgebildete Führungskräfte haben oft erstaunliche Moderationsprobleme, da diese Schlüsselkompetenz in unseren materialistischen Zeiten meist sträflich vernachlässigt wird. Helfen wir diesem Missstand ab.

Exkurs: Moderieren Sie!

Moderieren Sie Ihre inneren Stimmen gerade so, als ob sie Gäste in einer Tafelrunde wären. Die Gäste vertreten zwar äußerst kontroverse Meinungen, aber immerhin sind es geschätzte Gäste. Wenn sich zum Beispiel eine Stimme Oberhand verschaffen will, sagen Sie zu ihr: «Moment bitte, lass doch auch die anderen zu Wort kommen! Es kommt jede dran!»

Moderieren Sie nicht ins Blaue hinein, sondern zielführend auf die innere Konfliktlösung (= Klarheit) hin, also in Richtung auf einen Konsens aller beteiligten Stimmen.

Fragen Sie zum Beispiel eine widerstreitende Stimme: «Kannst du dir vorstellen, deinem Vorredner zuzustimmen? Unter welchen Bedingungen?» Die Kalorien zählende Stimme aus unserem Beispiel oben könnte vielleicht sagen: «Okay, ich stimme dem Sauerbraten zu – wenn du zum Ausgleich drei Tage lang von Obst und Gemüse lebst!» Das muss die Sauerbratenstimme nicht akzeptieren – aber sie kann ja darüber verhandeln und versuchen, die Forderungen der Kalorienzählerin etwas herunterzuhandeln. Zugegeben, es hört sich ein wenig esoterisch angehaucht an, mit seinen eigenen Stimmen im Kopf zu reden. Es ist aber ein wissenschaftlich validiertes Verfahren – und äußerst erfolgreich, wie Sie schon nach relativ wenig Üben feststellen werden.

Tipp: Visualisieren Sie. Schreiben Sie die Namen und typischen Botschaften Ihrer inneren Stimmen auf. Lassen Sie die Stimmen zu

Wort kommen, moderieren Sie die innere Diskussion zielorientiert bis zur inneren Klärung beziehungsweise Entscheidung.

Aber manche Stimmen sind gar zu blöd? Das ist der häufigste Einwand an dieser Stelle. Was passiert, wenn Sie mit dieser Einstellung in eine äußere Moderation zum Beispiel unter Kollegen gehen? Die Leute merken natürlich unterschwellig, wen Sie für blöd halten, und reagieren gekränkt. Es ist also ungeschickt und trägt zur Eskalation bei, mit negativen Einstellungen eine Moderation zu versuchen. Unangebracht ist es obendrein, denn:

Selbst die «blödeste» innere Stimme verfolgt ein positives Anliegen. Jede innere Stimme möchte etwas Gutes für Sie tun – auch wenn dieses Gute manchmal gut versteckt ist.

Die Kalorien zählende Stimme möchte zum Beispiel nicht, dass Sie «auf jeden Genuss verzichten», wie der innere Vorwurf oft lautet. Sie möchte lediglich, dass Sie morgen beim Blick auf die Badezimmerwaage keinen Infarkt bekommen.

Hören Sie den inneren Stimmen vorbehaltlos und liebevoll zu. Finden Sie heraus, welche positive Absicht die Stimmen verfolgen.

Verdammen und verdrängen Sie niemals innere Stimmen! Hören Sie alle an, verhandeln und moderieren Sie so lange, bis wirklich alle einer inneren Problemlösung zustimmen! Am Tag eins nach dem Sauerbraten fällt es Ihnen vielleicht schwer, sich nur von Obst und Gemüse zu ernähren. Doch Sie ziehen das eisern durch – weil alle Stimmen am Sonntag zugestimmt haben. Das eröffnet uns ganz nebenbei eine überraschende Erkenntnis:

Innere Klarheit ist die beste Motivation überhaupt.

Wer sich innerlich im Klaren ist, der steht sozusagen geschlossen hinter sich. Deshalb wird das Instrument der inneren Klärung nicht nur im Vorfeld von äußeren Konflikten erfolgreich eingesetzt, sondern auch vor Entscheidungen, bei inneren Blockaden oder zur Motivation.

Jedes Schlechte hat sein Gutes

Es dürfte jedem klar sein, wie wichtig die innere Klarheit für die eigene Konfliktstärke ist. Das Problem ist nur: Wenn wir unter Stress stehen, geht uns die innere Klarheit oft sehr schnell verloren. Nehmen wir mal an, Sie erfahren in den nächsten Stunden, dass Sie Ihren Job verlieren werden (für Selbstständige: 80 Prozent Ihres Umsatzes). Was denken Sie? Wie fühlen Sie sich? Die meisten Menschen denken: «Oje, jetzt ist alles aus. Ich stehe ohne Einkommen da! Ich bin zu alt für einen neuen Job! Ich kann das sowieso nicht, mich selbst verkaufen!»

Wie finden Sie unter solch existenziellen Bedrohungen Ihre innere Klarheit? Indem Sie an der Ursache des Problems ansetzen. Nein, nicht an der drohenden Kündigung. Denn diese ist nicht die Problemursache. Das Problem ist die Wertung der Kündigung.

Nicht die Dinge an sich sind ärgerlich, schrecklich, bedrohend, lustig, schön, sondern die Bedeutung, die wir ihnen geben.

Das nennt der Fachmann auch Konstruktivismus. Deshalb:

Wenn Sie «im Loch» stecken, nicht mehr aus der Problemtrance rauskommen – versuchen Sie, dem Ereignis eine andere Bedeutung zuzuschreiben.

Lassen Sie eine Versuchsreihe laufen. Bislang war Ihre Wertung: Kündigung = Existenzverlust. Stellen Sie neue Wertungen auf, so viele wie möglich, beurteilen Sie zunächst keine, suchen Sie im Gegenteil auch ganz verrückte, zum Beispiel:
– «Alles nicht so schlimm. Selbst in meinem Alter finden Zehntausende jährlich einen neuen Job.»

- «Ich wollte sowieso schon lange kürzer treten.»
- «Das ist das Beste, was mir passieren konnte, weil …»
- «Ach, vor jedem meiner neuen Jobs habe ich Panik geschoben. Warum sollte das jetzt anders sein?»
- «In diesem Laden wollte ich ohnehin nicht alt werden!»
- «Ein halbes Jahr mehr, und ich wäre sowieso von mir aus gegangen.»
- «Okay, Kündigung ist schlecht – aber etwas Gutes ist an allem Schlechten dran. Was ist es in diesem Falle?»

Das Verblüffende an dieser Übung ist nicht, dass Sie sich für eine andere Wertung als die ursprüngliche entscheiden. Verblüffend daran ist vielmehr, dass Sie dank dieser Übung spüren: «Hoppla! Kündigung bedeutet nicht automatisch das Ende meiner Existenz, wie ich das bislang angenommen habe. Es gibt noch viele andere Möglichkeiten!» Fragen Sie sich: Welche der neuen Deutungen hilft mir am besten, wieder erfolgreich und glücklich zu sein? Denn Sie haben die Wahl. Sie können sich Ihre Wertungen selbst aussuchen. Und das sollten Sie auch!

Das Recht der freien Wertungswahl ist gleichzeitig Pflicht: Wenn Sie Ihre Wertungen nicht bewusst auswählen, sind Sie auf Gedeih und Verderb den Launen Ihres Unterbewusstseins ausgeliefert!

Oder wie die Amerikaner sagen: «Who minds the store?» Wer führt eigentlich Ihr Leben? Ihre unbewussten Reflexe («Kündigung = Tod durch Verhungern!») oder Ihr wacher Verstand («Das packe ich schon irgendwie!»)? Ein häufiger Einwand an dieser Stelle lautet: «Aber die selbstschädigende Wertung fühlt sich so viel wirklicher, echter an!» Natürlich. Aber nochmals die Frage: Was nützt Ihnen das? Wollen Sie in diesem Punkt wirklich einem Panikgefühl vertrauen? Natürlich fühlen sich Angst und Panik intensiver an als Vernunft. Deshalb heißt die Redewendung auch: die leise Stimme der Vernunft. Nicht alles, was laut brüllt, ist vernünftig oder auch nur wahr.

Wie oft haben Sie sich schon Hals über Kopf in Menschen ver-
liebt, haben diesem Gefühl vertraut – und sind hinterher aufgewacht
mit einem Kater und der Frage: «Wie konnte ich mich bloß so von
meinen Gefühlen mitreißen lassen?»

*Vertrauen Sie Ihren Gefühlen. Außer in den Fällen, in denen Sie nach
vernünftiger Betrachtung zum Schluss kommen, dass sie Ihnen eher
schaden als nützen.*

«Kündigung = Existenzende» ist ein Gefühl, das Ihnen in hundert
Millionen Jahren nichts nützen wird. Also werten Sie um! Natürlich
nicht, indem Sie das böse Gefühl verdrängen à la: «Sei doch kein solches Weichei! Reiß dich zusammen, Mensch!» Werten Sie um, indem
Sie die negativen Gefühle thematisieren.

Verdrängen Sie negative Gefühle nicht! Leisten Sie Trauerarbeit!

Sagen Sie sich zum Beispiel: «Ja, das trifft mich jetzt hart. Ich mochte
meine Arbeit alles in allem wirklich. Und jetzt fühle ich mich natürlich bedroht und weiß nicht, ob ich etwas Neues finden werde. Das ist
normal. Menschlich.» Dann gehen Sie in Ihre Lieblingskneipe, trinken ein Weißbier und halten offiziell Leichenschmaus für den alten
Job – oder welches andere Ritual Sie auch immer für Ihre Trauerarbeit
entwickelt haben oder bevorzugen. Und dann richten Sie den Blick
wieder nach vorne. Das Leben muss weitergehen. Und – Überra-
schung – das tut es tatsächlich! Meist sogar besser als zuvor, sobald Sie
sich wieder gefangen haben. Die guten Gefühle, die Sie jetzt so ver-
missen, kommen dann mit der Zeit von selbst. Nämlich in dem Maße,
wie Sie spüren: Ich kriege wieder Boden unter die Füße!

*Menschen, die umwerten können, sind zufriedener, glücklicher, aus-
geglichener, beliebter, resilienter und erfolgreicher.*

Die beste Bedeutung finden

1. Was regt Sie gerade auf? Welches Problem quält Sie? Kaputte Waschmaschine? Nörgelnder Kunde? Zu viel Gewicht auf der Waage?
2. Was fällt Ihnen dazu ein? Zum Beispiel: «Ich habe das Geld nicht für eine neue Waschmaschine!» Das ist die spontane Bedeutungszuordnung.
3. Welche Bedeutungen können Sie daneben noch zuordnen? Suchen Sie so viele wie möglich, auch ausgefallene. Zum Beispiel: «Dann kann ich mir wenigstens endlich eine umweltfreundliche Maschine kaufen!» Oder: «Endlich kann ich mir eine kaufen, die auch trocknet.»
4. Was möchten Sie in Bezug auf das Problem erreichen? Welches Ziel? Und welche der eben gefundenen Bedeutungen hilft Ihnen dabei am besten? Erklären Sie diese subjektiv für wahr!

Bei dieser einfachen, aber sehr illustrativen Übung werden Sie eine Menge über Ihre Gedanken lernen können, zum Beispiel:

- Fallen Sie niemals auf Ihre spontane, unreflektierte Bedeutungszuschreibung herein! Die erste Assoziation ist meist äußerst emotional, aber wenig hilfreich.
- Machen Sie sich bewusst: Egal, was Sie im ersten Augenblick über ein Problem, einen Konflikt denken – es gibt noch so viele andere Bedeutungen, die genauso wahr sind (und weitaus mehr nützen).
- Sie allein können bestimmen, welche Bedeutung für Sie die hilfreichste ist.
- Ihre Zukunft können Sie selten zu 100 Prozent beeinflussen. Doch die Einstellung, mit der Sie in die Zukunft gehen, können Sie zu 100 Prozent beeinflussen.

Sei glücklich!

Senta denkt: «Mein Abteilungsleiter ist ein seltener Dummkopf – und eigentlich unser Geschäftsführer auch. Manche haben einen blöden Chef, ich habe gleich zwei!» Senta leidet sozusagen doppelt. Man könnte meinen, dass es die arme Senta richtig schwer hat an ihrem Arbeitsplatz. Doch das wäre eine Täuschung. Denn eigentlich leidet Senta weniger an zwei schlechten Chefs als an mangelnder innerer Klarheit. Dabei kennt jeder den Spruch, der ihr in dieser Situation weiterhelfen könnte:

> *Lieber Gott, gib mir die Kraft, jene Dinge zu ändern, die ich ändern kann. Gib mir die Gelassenheit, jene Dinge, die ich nicht ändern kann, ohne zu leiden anzunehmen. Und gib mir die Weisheit, das eine vom anderen unterscheiden zu können.*

Dieser Spruch ist auch deshalb so bekannt, weil er weitaus mehr ist als ein nützlicher Konflikthelfer, ein Werkzeug für mehr innere Klarheit. Man könnte ihn mit Fug und Recht auch als ein Rezept für ein glückliches Leben bezeichnen. Menschen, die das ändern, was sie ändern können, und sich vom Unabänderlichen nicht länger den Tag verhageln lassen, leben unbestreitbar glücklicher als jene, die sich auch um Dinge grämen, gegen die sie völlig machtlos sind. Denn wer sich über Missstände aufregt, die er nicht ändern kann, hat erstens jede Menge Dinge, über die er sich aufregen kann, und wird zweitens niemals etwas daran ändern können, was ungeheuer frustrierend ist und Kraft kostet.

> *Sich über Dinge aufzuregen, die man nicht ändern kann, ist der sicherste Weg in ein anhaltend unglückliches, gestresstes, kräftezehrendes und letztendlich permanent vom Burnout bedrohtes Leben.*

Seltsamerweise pflegen die meisten Menschen dieses Hobby mit geradezu inbrünstigem Nachdruck. Wenn Sie mal hinhören, worüber sich Ihre Mitmenschen den lieben langen Tag unterhalten: Sie beschweren sich übers Wetter (egal welches), über die Politiker, über «die da oben», über die neue Firmenpolitik, über das miese Essen in der Kantine, über die Globalisierung, die Inflation, die Bürokratie. Warum machen die das? Sie meinen, damit einen diffus empfundenen Leidensdruck loswerden zu können. Sie wissen nicht, dass sie ihn damit paradoxerweise noch verstärken!

Wer sich darüber beklagt, dass er unter Unabänderlichem leidet, verstärkt sein Leiden noch.

Warum klagen dann so viele Menschen über Unabänderliches? Weil sie in der Zeit, in der sie klagen, nicht das ändern müssen, was durchaus veränderbar ist. Senta hat diesen Selbstbetrug satt. Sie hat die Nase voll vom Leiden. Sie hört auf, über Unabänderliches zu jammern, und beginnt das zu ändern, was sie ändern kann.

Senta sieht ihren Abteilungsleiter jeden Tag. Sie beschließt, sich die Grundsätze des vorwurfsfreien Feedbacks anzueignen und ihm in einer ruhigen Minute sachlich und schonend beizubringen, dass sie es nicht mag, wenn er ihr Aufträge erteilt, ohne sie umfassend zu briefen. Schon nach diesem Entschluss geht es Senta besser: Sie hat die Aussicht, den Konflikt mit ihrem Chef beizulegen oder zumindest zu mildern. Das erleichtert sie bereits immens. Das ist ein typischer Vorteil innerer Klarheit. Ihren Geschäftsführer sieht sie jedoch so gut wie nie. Sie wird zwar täglich mit seinen weniger glücklichen Entscheidungen konfrontiert, doch dagegen kann sie rein gar nichts machen. Es macht keinen Unterschied, ob sie seine Entscheidungen regungslos zur Kenntnis nimmt oder sich höllisch darüber aufregt. Also kann sie es genauso gut sein lassen, sich darüber aufzuregen. Es bringt nichts. Sie streicht den Geschäftsführer aus ihrem Gedächtnis. Auch das tut ihr gut. Auch das bewirkt die innere Klarheit.

Sei glücklich im Konflikt!

Es sollte Ihnen nicht schwerfallen, die Unterscheidung zwischen kraftvoller Veränderung und gelassener Akzeptanz, die wir eben diskutiert haben, auf den Konfliktfall zu übertragen:

Es ist ein großer Schritt in Richtung innerer Klarheit, wenn Sie im Konflikt jene Dinge erkennen, die Sie an der Situation, am Partner und an sich ändern können – und sie ändern. Und wenn Sie jene Dinge, die Sie nicht ändern können, ohne zu leiden, gelassen tragen.

Aber wie kann ich ertragen, dass mein Partner ein gefühlskaltes Ekel ist? Dass mein Chef inkompetent ist? Dass ich immer noch fünf Kilo zu viel auf die Waage bringe? Das fragen uns Menschen im Konflikt immer wieder. Die Antwort ist immer dieselbe:

Sie können eine Sache ertragen, indem Sie beschließen, sie zu ertragen.

Wenn Ihnen das zu schwer fällt, bleibt immer noch die Alternative: Ändern Sie die Sache doch noch! Sprechen Sie mit dem gefühlskalten Partner und kitzeln Sie seine Gefühle wach. Bringen Sie Ihrem Chef per Guerilla-Taktik (verdeckt) etwas Kompetenz nahe. Gehen Sie nach Feierabend eine halbe Stunde Walken oder Joggen. Aber egal, was Sie tun:

Don't stay in the middle!

Entweder ändern oder akzeptieren – beides macht glücklich und erfolgreich im Konflikt. Nur wer zwischen diesen Stühlen hängen bleibt, handelt sich die Hölle ein.

Volle Energie voraus!

Wir sind viel zu oft im Stress. Auch deshalb drücken wir uns, so gut es geht, vor Konflikten. Die fressen einfach zu viel Energie, die wir nicht haben. Haben wir sie wirklich nicht? Doch, wir haben sie. Das Problem ist nur: Wir setzen sie für die falschen Dinge ein. Um uns zum Beispiel über Dinge zu ärgern, die wir nicht ändern können. Um gegen das Unabänderliche zu rebellieren, um mit unserem Schicksal zu hadern, um den Göttern zu zürnen.

«Man hadert mit dem Schicksal nicht, man erfüllt es.» Homer

Wir alle haben schon mal den Spruch gehört oder gelesen: «Stress ist hausgemacht.» Verstehen tun ihn nur die wenigsten. Er läuft im Grunde auf die Frage hinaus: Wofür verwenden Sie Ihre Energie? Und wofür nicht? Betrachten wir ein Beispiel. Uschi ist unzufrieden mit ihrer Arbeit, weil «es im Grunde immer dasselbe ist; keinerlei Abwechslung, total monoton». Warum wechselt sie dann nicht den Arbeitsplatz? Richtig geraten, weil sie in einem inneren Konflikt steckt. Einerseits will sie mehr Abwechslung, andererseits schätzt sie einen sicheren Arbeitsplatz und möchte sich nicht auf eine unsichere Suche begeben. Jeden Abend erzählt sie wahlweise ihrer besten Freundin oder ihrem Schatz dieselbe Leier: «Der Job bringt mich noch um! Immer dieselbe alte Routine! Nie was Neues!» Kleine Aufgabe für Sie: Wofür braucht Uschi ihre Lebensenergie?

Richtig, als Entwicklungsbremse. Anstatt etwas zu ändern, verbraucht sie ihre kostbare Energie, um über den Status quo zu lamentieren. Warum lässt sie sich nicht weiterbilden, um einen besseren Job zu bekommen? Sie sagt: «Dieser Job saugt mir doch jetzt schon alle Energie aus den Knochen. Da habe ich doch nicht die Kraft für eine Weiterbildung!» Was für ein Irrtum! Es ist gerade umgekehrt:

Wer seine Kraft für Nutzloses braucht, der verliert Energie. Wer sie in Nützliches investiert, erhält einen Return on Investment, das heißt: Er bekommt mehr Energie zurück, als er hineinsteckt!

Irgendwann kriegt Uschi die Kurve. Sie startet ein Fernstudium. Und es macht ihr gar nichts aus, nach Feierabend noch dafür zu büffeln! Denn diese Beschäftigung benötigt nicht nur Energie, sie gibt auch welche zurück: «Das macht richtig Spaß. Weil ich jetzt weiß, wofür ich es mache!» Weil sie ihre Energie jetzt einsetzt, um zu wachsen.

Wenn Sie die Energie, die Sie bislang zum Bremsen benutzten, zum Beschleunigen einsetzen, reicht das schon für eine ganz schöne Strecke.

Ein guter Kampf

Innere Klarheit ist ein extrem wichtiger Pfeiler Ihrer Konfliktstärke. Verschaffen Sie sich diese innere Klarheit für alle wichtigen Entscheidungen, vor Konflikten, für Anlässe mit Motivationsbedarf. Und bedenken Sie:

Innere Klarheit ist kein Zustand, sondern ein Vorgang.

Selbst wenn Sie vor einem Augenblick innerlich noch klar wie Kristallwasser waren, kann Ihr Inneres im nächsten Augenblick schon wieder in größtem Aufruhr sein. Nämlich genau dann, wenn eine neue innere Stimme aufgetaucht ist, wenn sich die äußere Situation geändert hat oder der Konfliktpartner etwas Überraschendes gesagt hat.

Innerlich klar zu bleiben, ist eine permanente Aufgabe.

Dass es so viele Menschen schaffen, liegt daran, dass es nicht nur eine Aufgabe ist, sondern schon nach wenigen Tagen Übung einen Riesenspaß macht, großen Erfolg bringt und Ihnen eine Nähe zu sich selbst verschafft, die Sie bislang nicht kannten.

Tipp: Ich-Tage realisieren (= persönliche Auszeit). Wenn Sie etwas mehr Zeit investieren wollen und können, ziehen Sie sich an einen ruhigen, schönen Ort zurück. Pflegen Sie keinen bis wenig Kontakt zur Außenwelt, lassen Sie keine Medien zu (TV, Handy, Internet, etc.). Gehen Sie spazieren, lernen Sie, bewusst auf Ihr Inneres, auf die inneren Stimmen zu hören. Schreiben Sie alles auf, was Ihnen einfällt, stellen Sie sich zielorientiert Fragen, und Sie werden Klarheit bekommen.

Selbstwert: Innen stark – außen stark

Warum scheinen manche Menschen jeden verdammten Konflikt zu gewinnen? Warum sind einige einfach nicht unterzukriegen? Wüssten Sie auch gerne? Dann betrachten wir kurz eine Szene aus der Azubi-Werkstatt. Meister: «Meier, Sie Pfeife, Sie können ja noch nicht mal eine simple Flügelmutter festschrauben! Das Gewinde ist im Eimer! Ist Ihr Vater Fleischer oder was?!» Azubi: «Ja, äh, kann ich doch nichts dafür! Warum hacken Sie immer auf mir herum?!» – «Was heißt hier immer auf Ihnen? Wohl noch frech werden? Da sind Sie bei mir aber am Richtigen!» Wie es weiter eskaliert, können Sie sich vorstellen.

Wie würden Sie das Abschneiden des Azubis in diesem Konflikt bewerten? Äußerst bescheiden. Der arme Junge kommt voll unter die Räder. 16-Tonner, frontal, Totalschaden. Er ist an sich nicht blöde, nicht aufs Maul gefallen. Warum schafft er es dann nicht, seinem aufbrausenden Meister mehr als eine lahme Erwiderung entgegenzusetzen? Weil der Meister ihn kalt erwischt: Er hat ihn persönlich angegriffen, hat ihn «zur Schnecke» gemacht. Anders gesagt: Er hat ihn an einem wunden Punkt erwischt. Der Azubi weiß, dass er als Azubi eben noch lernt, sich nicht wirklich auskennt. Wenn also der Meister meint, er sei zu dämlich, um eine Mutter richtig anzuziehen, muss der Meister wohl Recht haben.

Das erste Opfer eines Konflikts ist meist das Selbstwertgefühl.

Beobachten wir die Szene weiter. Meister: «Und Schmitz, grinsen Sie nicht so dämlich, Sie sind nicht viel besser! Auch Ihr Gewinde ist total überdreht! Können 'Se nicht für fünf Cent mitdenken, Mann? Was soll ich bloß mit solchen Pfeifen wie euch anfangen?» Schmitz: «Hm, das Gewinde ist tatsächlich hinüber. Wie kann ich das beim nächsten Mal verhindern?» Meister: «Mann, noch nie was von der Zweifinger-regel gehört?» Schmitz: «Nein, würden Sie sie kurz erklären?»

Wer gewinnt den zweiten Konflikt? Schmitz. Locker, souverän, mit Vorsprung. Warum? Weil er sachlich bleibt? Weil er sich nicht provozieren lässt? Weil er fragend führt? Alles richtig, doch es sind relativ oberflächliche Erklärungen. Die tiefer gehende ist:

> *Wer sich im Konflikt den Schneid abkaufen lässt, kommt unweigerlich unter die Räder.*

Oder psychologischer formuliert:

> *Wer sein Selbstwertgefühl hoch und stabil hält, zählt in jedem Konflikt zu den Gewinnern.*

Klingt einleuchtend? Ja, wenn das so einfach wäre. Sicher hat der erste Azubi sein Selbstwertgefühl stabil halten wollen. Doch wie soll das gehen, wenn der Meister ihm derart vors Schienbein tritt?

Ein Patentrezept für Eskalation

Um zu verstehen, warum der erste Azubi unter die Räder kommt, müssen wir die Attacke seines Ausbilders verstehen:

> *Angriffe aufs Selbstwertgefühl verletzen so stark, weil man eben nicht gesagt bekommt, dass man etwas falsch gemacht hat, sondern dass man falsch ist.*

An unserem Werkstattbeispiel erläutert:
– Kritik am Tun: «Sie haben die Flügelmutter zu fest angezogen, so dass das Gewinde flachgequetscht wurde.»
– Kritik am Sein: «Sie sind sogar zu blöd, um eine Flügelmutter richtig anzuziehen!»

Man kann die Dinge sachlich sagen. Oder man kann sie so sagen, dass das Selbstwertgefühl des Partners geschwächt beziehungsweise zerstört wird. Entscheidet man sich – unbedacht, unwissentlich, reflexhaft, wegen schlechter Kinderstube oder schlechter Weiterbildung – für den Angriff aufs Selbstwertgefühl, eskaliert der Konflikt mit absoluter

Garantie. Es gibt kein Eskalationsinstrument, das wirksamer wäre als die Selbstwertschädigung.

Wenn Sie einen Konflikt ganz schnell ganz arg eskalieren lassen möchten – greifen Sie das Selbstwertgefühl Ihres Konfliktpartners an!

Vielleicht klappt das nicht beim ersten Mal. Vielleicht ist Ihr Partner ja so gutmütig oder schüchtern, dass er den Angriff auf sein Selbstwertgefühl vier-, fünfmal runterschluckt – nur um beim sechsten Mal umso explosiver an die Decke zu gehen, weil ihm buchstäblich der Kragen platzt, die Sicherung durchknallt.

Manche gerissene Verhandler, Mobber, Politiker und Intriganten setzen den gezielten Angriff auf das Selbstwertgefühl gerne ein, um den Partner so aus dem Konzept zu bringen, dass er einen Fehler macht und seine Position schwächt.

Solche Sadisten der Manipulation werden Ihnen jedoch eher selten begegnen. Das heißt nicht, dass Ihnen die Manipulation an sich selten begegnen wird. Im Gegenteil:

95 von 100 Menschen werden im Konflikt früher oder später Ihr Selbstwertgefühl angreifen – völlig unbewusst und unabsichtlich.

Nicht weil sie Sie manipulieren wollen, sondern weil sie nie gelernt haben, im Konflikt ihre Gefühle im Zaum zu halten. Wenn wir uns vergegenwärtigen, wie häufig solche Angriffe auf unser Selbstwertgefühl sind, erscheint es seltsam, dass die meisten von uns nicht wissen, wie sie sich dagegen wehren können. Wir fallen immer wieder darauf rein. Wir lassen uns immer wieder im Konflikt den Schneid abkaufen, unser Selbstwertgefühl zerstören. Stinkt das Ihnen auch? Ändern wir es jetzt.

Wer sich nicht wehrt, lebt verkehrt

Da die meisten Menschen über kaum vorhandene kommunikative Kompetenz verfügen (man kann nur, was man gelernt hat), müssen Sie damit rechnen, dass neun von zehn Konfliktpartnern garantiert auf Ihrem Selbstwertgefühl herumtrampeln werden – und nicht nur im Konfliktfall. Deshalb lautet die wichtigste Frage für Sie: Wie kann ich das Hoheitsrecht über mein Selbstwertgefühl behalten? Als Mantra selbst in schwersten Konflikten hat sich bewährt:

«Ich lasse keinen an mein Selbstwertgefühl heran!»

Wer sich das immer und immer wieder sagt – je größer der Druck, umso öfter und nachdrücklicher – der wird in Konflikten immer stark und souverän dastehen, sich nicht provozieren lassen, nicht unter die Räder kommen. Die meisten Seminarteilnehmerinnen und -teilnehmer erkennen die Bedeutung dieses Mantras. Sie haben jedoch große Probleme, es in der Praxis auch umzusetzen. Weil wir in Elternhaus und Schule jede Menge gelernt haben. Nur nicht das Wichtigste: ein starkes Selbstwertgefühl zu bewahren. Deshalb holen wir diese Lektion jetzt nach.

Lektion: Schön stark bleiben!

«Warum musst du denn immer so ein verdammter Haarspalter sein!», sagt Ihr Partner. Was spüren Sie? Spüren Sie's? Ihr Selbstwertgefühl erodiert. Setzen Sie dem Gefühl einen Gedanken gegenüber: «Ich lasse nicht zu, dass ich mich darüber aufrege!» Denn sobald Sie das zulassen, sind Sie nicht mehr Herr im eigenen Haus. Sie sind nicht mehr selbstbestimmt, ein Mensch mit freiem Willen. Sie sind fremdgesteuert, manipuliert und manipulierbar. Daher: Lassen Sie Ihr Selbstwertgefühl da, wo es hingehört: in Ihrer eigenen Verantwortung.

Was aber, wenn Ihr Gegenüber Sie einen «notorischen Versager» oder gar Schlimmeres nennt? Eleonore Roosevelt sagte dazu: «Es kann dich nur jemand beleidigen, wenn du die Beleidigung glaubst.» Wer sich insgeheim selbst für einen kleinen Versager hält, der wird natürlich auf das Wort «Versager» anspringen wie ein Daimler, sobald man den Zündschlüssel dreht. Doch eigentlich ist das egal.

> *Es ist völlig egal, ob Sie den Selbstwert schädigenden Vorwurf des Gegenübers selbst glauben. Ob Sie sich darüber aufregen oder nicht, bleibt trotzdem Ihre eigene Wahl. Solange Sie von dieser Wahl Gebrauch machen.*

Auch schön:

> *Der einzige Mensch, der entscheiden darf, ob ich mich gut oder schlecht fühle, bin ich.*

Ist so weit das Prinzip der Selbstwertstärkung klar? Dann wenden wie uns den hartnäckigen Fällen zu.

Hartnäckige Selbstwertschwäche

Als wie hoch würden Sie Ihr Selbstwertgefühl momentan einstufen? Auf einer Skala von 0 bis 10? Warum? Was hindert Sie an einer 10? Bestimmt haben Sie den Terminus «unerschütterliches Selbstvertrauen» schon mal gelesen. Schön, wenn es so was gäbe. Tatsächlich schafft es die böse Welt jedoch, selbst das sicherste Selbstwertgefühl zu erschüttern. Viele Stunden des Tages laufen wir mit einem angeknacksten Selbstwertgefühl herum. Geraten wir dann in einen Konflikt (was unvermeidlich scheint), denken wir eben nicht: «Ob ich mich aufrege oder nicht, entscheide allein ich.» Sondern eher: «Vielleicht hat sie ja doch Recht ...»

Es ist nicht nur so, dass wir mit einem geschwächten Selbstwertgefühl Einladungen zum Ausflippen leichter, häufiger, schneller und intensiver annehmen. Es ist sogar so, dass wir förmlich nach solchen Einladungen suchen, nach dem Motto: «Na endlich bestätigt mir wieder einer, was für eine Niete ich bin! Und da noch einer! Und da auch eine!» Dafür sorgt die selektive Wahrnehmung: Das, was uns beschäftigt, nehmen wir eher und stärker wahr als alles andere. Wenn wir zum

Beispiel Hunger haben, sehen wir in der Fußgängerzone lauter Dönerstände und Pommesbuden. Brauchen wir einen Haarschnitt, sehen wir in derselben Straße keine einzige Fressecke, sondern nur Coiffeure und Haarkünstler.

Dieses übersteigerte Wahrnehmungsverhalten geht bei manchen Menschen so weit, dass sie selbst hinter ganz sachlichen, neutralen, objektiven Aussagen sofort einen persönlichen Angriff vermuten: «Das Projekt hinkt hinterm Zeitplan her!» – «Da kann ich doch nichts dafür! Die Entwicklung hat viel zu lange für das Erstkonzept gebraucht! Warum hacken Sie ständig auf mir rum?» – «Das war doch nicht als Vorwurf gemeint! Ich habe eine Tatsache geäußert!» – «Wenn Sie mich für unfähig halten, dann müssen Sie mich eben von dem Projekt entbinden!»

Oje! Da schießt einer gewaltig übers Ziel hinaus, weil sein Selbstwertgefühl so klein ist. Angenommen, so einer gerät in einen Konflikt – die reine Katastrophe. Weil er derart unter Versagensangst leidet, fixiert er seinen Blick krampfartig auf die Versagensvermeidung – und versagt gerade deshalb. Weil man immer das fördert, worauf man schaut; in diesem Fall das Versagen. Dabei ist und bleibt die Sache so einfach:

Ob Ihr Selbstwertgefühl in jeder Minute Ihres Lebens stark oder schwach ist, legen nicht Ihr böser Chef, Ihre illoyale Partnerin oder das miese Regenwetter fest. Sondern allein Sie.

Die Frage ist: Nehmen Sie dieses Hoheitsrecht wahr? Natürlich ist es anstrengend, nicht auf die Einflüsterungen der Umwelt zu achten und an seiner eigenen Meinung über sich festzuhalten. Doch wenn Sie's bequem haben wollten, wären Sie sicher nicht hier. Das Gute ist des Bequemen Feind. Außerdem: Nach der ersten Eingewöhnungszeit ist es viel bequemer, mit einem starken und stabilen Selbstwertgefühl durchs Leben zu laufen.

Checkliste: So stärken Sie Ihren Selbstwert

- Innere Stärke kommt nicht von allein! Man muss etwas dafür tun. Also tun Sie es!
- Ja, klar, das fühlt sich am Anfang sehr ungewohnt an. Vielleicht sagen Sie sich auch: «Ach, das bringt doch nichts!» Machen Sie sich bewusst, wer da zu Ihnen spricht: Ihr schwaches Selbstwertgefühl, das sich gegen Stärkung immunisiert.
- Denken Sie über Ihre Prioritäten nach. Für viele ist Priorität: «Erst die Sachargumente – und wenn ich Zeit finde, tue ich auch noch was für mein Selbstwertgefühl.» Das ist die falsche Reihenfolge.
- Die richtige ist: «Wenn ich nicht zuerst mein Selbstwertgefühl aufbaue und stabilisiere, kann ich mich gleich damit abfinden, im Konflikt mehr oder minder unter die Räder zu kommen – selbst mit den besten Argumenten.»
- Pflegen Sie jederzeit konstruktive Glaubenssätze!
- Aber nicht: «Ich allein habe Recht! Ich bin der Beste! Ich gewinne jeden Konflikt!» Diese zuckersüße Rosabrillen-Euphorie nimmt Ihnen Ihr kritischer Verstand ohnehin nicht ab.
- Bleiben Sie realistisch in Ihren Glaubenssätzen und konstruktiv: «Das ist ein harter Konflikt – aber ich weiß, was ich zu tun habe. Ich stehe zu meinen Interessen!»
- Sagen Sie sich Ihren persönlichen, konstruktiven Glaubenssatz mantra-artig vor. Immer wieder. Das stärkt innerlich. Und innere Stärke ist äußere Stärke.
- Schauen Sie nicht immer nur auf das, was Sie falsch machen, was noch fehlt, was nicht funktioniert. Nehmen Sie es wahr, aber lassen Sie es nicht Ihren Geist gefangen nehmen.
- Schauen Sie vielmehr intensiv auf das, was Sie gut machen im Konflikt.
- Beste Selbstwertnahrung: Eigenlob, denn Eigenlob hilft. Und stärkt. Anerkennen Sie selbst Mini-Erfolge: «Gute Gesprächseröffnung! Hey, auf die erste Provokation nicht hereingefallen! Gut gemacht. Weiter so.»
- Sehen Sie das, was Sie im Konflikt tun, möglichst unverzerrt. Ver-

zerrt ist zum Beispiel: «Du redest nur Stuss!» Unverzerrt: «Ich habe noch nicht den richtigen Ton getroffen, aber ich arbeite daran.»

– Widerstehen Sie jedem (unbewussten) Versuch Ihres Gegenübers, Ihr Selbstwertgefühl zu schmälern.
– Rücken Sie jeden Angriff ins rechte Licht. Beispiel: «Sie sind ja völlig unfähig!» Zurechtgerückt: «Er ist sauer. Was er moniert, ist teilweise berechtigt. Aber unfähig bin ich ganz sicher nicht, sonst wäre ich nicht schon so lange in diesem Job.»
– Verbieten Sie sich jeden Angriff auf sich selbst. Im Konflikt (und auch sonst) sind keinerlei destruktive Selbstvorwürfe erlaubt.
– Keifen, zicken, giften Sie nicht zurück, wenn der Konfliktpartner Sie provoziert. Das nützt erstens nichts und schwächt zweitens Ihr Selbstwertgefühl noch weiter. Ein starker Mensch hat Rumgezicke nicht nötig.
– Zeigen Sie gegenüber sich selbst Respekt, möglichst auch Verständnis (gerade dann, wenn's schwerfällt).
– Setzen Sie Ihren inneren Antreibern innere Erlaubnisse entgegen. Dazu gleich mehr.

Antreiber und Erlauber

Die meisten Ratgeber zum Selbstwertgefühl brechen an dieser Stelle ab. Eigenlob, Glaubenssätze, realistische Wahrnehmung … und fertig ist das starke Selbstwertgefühl. Wirklich? Wenn bei Ihnen diese Tipps nicht (viel) helfen, dann lohnt es sich für Sie, die Motorhaube zu öffnen und mal Ihre Antreiber zu begutachten. Das gilt nicht nur für die Konfliktbewältigung.

Wenn wir irgendetwas im Leben nicht auf die Reihe kriegen, obwohl wir genau wissen, was zu tun ist, sind mit hoher Wahrscheinlichkeit die Antreiber daran schuld.

Karl zum Beispiel ist Strategic Supply Manager in einem deutschen Konzern. Da er mit Lieferanten verhandelt, erlebt er täglich harte Konflikte. Und obwohl er den Job schon seit 27 Jahren macht, ist sein

Selbstwertgefühl in Konflikten viel zu klein. Er versucht es mit der obigen Checkliste, erreicht damit aber lediglich eine Steigerung seines Selbstwerts «unter Feuer» von 4 auf 6. Er will aber «möglichst eine 12!». Warum schafft er das trotz besten Vorsätzen nicht? Weil vor, im und nach einem Konflikt immer eine Stimme in seinem Hinterkopf präsent ist, die ihm einhämmert: «Du machst zu viele Fehler! Das läuft nicht perfekt! Erst wenn du fehlerfrei verhandelst, wird der Chef mit dir zufrieden sein!» Oder in der Sprache der Antreiber gesprochen:

Be perfect! «Erst wenn du perfekt bist, darfst du ein starkes Selbstwertgefühl haben!» Und: *Please me!* «Erst wenn alle zufrieden mit dir sind, darfst du es auch sein!»

Es ist klar, dass ein Mensch, der diesen Glaubenssätzen glaubt, niemals ein starkes Selbstwertgefühl haben wird, weil kein Mensch jemals etwas perfekt oder es allen recht machen kann!

Die Lösung liegt nicht darin, das zu tun, was Ihnen die Antreiber einflüstern, sondern darin, den Antreiber mit einem Erlauber zu neutralisieren.

Wer immer nur versucht, perfekt zu sein oder es allen recht zu machen, wird sich immer klein und unzureichend fühlen. Karl fällt nicht länger auf diese Endlosschleife herein. Er sagt sich seit Neuestem: «Auch wenn ich nicht jede Gesprächsphase perfekt hinkriege – ich bin trotzdem ein weit überdurchschnittlicher Einkäufer! Außerdem ist der Chef schon lange zufrieden mit mir.» Sie können Karl sicher nachempfinden, wie sehr ihn dieser Erlauber innerlich befreit. Was sind die Antreiber, die Ihnen das Leben schwermachen?

Antreiber	Erlauber
«Eine Arbeit ist erst dann erledigt, wenn alles perfekt ist!»	«Die Arbeit ist fertig, wenn sie fertig ist. Fehler macht jeder. Irren ist menschlich. Nur Gott ist perfekt. Und ich bin nicht Gott!»
«Du bist nur dann ein guter Mensch, wenn du fünf Dinge gleichzeitig machst und nicht ständig so herumtrödelst!»	«Du darfst dir auch mal Zeit für dich selbst nehmen! Es kommt aufs Ergebnis an und nicht darauf, wie schnell du ausbrennst. Hektik ist nicht Dynamik!»
«Eine Aufgabe ist nur dann gelungen, wenn du dich dafür bis zum Schweißausbruch reinhängst!»	«Für ein gutes Ergebnis musst du nicht auf dem Zahnfleisch daherkommen. Die besten Ergebnisse erzielt immer noch, wer ganz locker bleibt.»
«Erst wenn alle zufrieden mit dir sind, darfst du es auch sein!»	«Du sollst es auch dir selbst recht machen, hin und wieder etwas für dich selbst tun.»
«Du musst das allein stemmen!»	«Im Team macht's mehr Spaß.»
«Du musst immer stark sein!»	«Du bist ein Mensch. Auch dann, wenn du schwach, emotional, nicht gut drauf bist. Gerade dann bist du am meisten Mensch.»

Es ist verblüffend, wie wirksam solche einfachen Autosuggestionen sind. Warum?

Wenn Ihr Geist Ihnen ein Bein stellt, kann auch nur Ihr Geist Sie wieder auf die Beine stellen.

Karl zum Beispiel hat jahrelang in jeder schwierigen Verhandlung ein Hemd durchgeschwitzt («Be tough!»). Seit kurzem sagt er sich: «Nicht der Schweiß entscheidet über ein gutes Verhandlungsergebnis! Du bist besser, wenn du locker bleibst. Und deinem Gegenüber geht's dann auch besser.» Seit er sich das sagt, erreicht er gerade in schwierigen Verhandlungen und harten Konflikten viel mehr. Weil er locker bleibt und damit sympathischer. Sein Hemd muss er danach auch nicht mehr auswringen.

«Ich habe das Recht, mich gut zu fühlen!»

Das ist die Mutter aller Erlauber. Diesen Satz dürfen Sie sich nicht nur im Konflikt sagen. Sondern jede Minute Ihres Lebens. Können Sie nicht? Weil man ja auch arbeiten und Geld verdienen muss? Wer sagt das? Richtig. Immer die Antreiber erkennen, die in Ihrem Kopf herumspuken. Man kann nämlich locker beides: arbeiten, verdienen und gleichzeitig sich gut fühlen. Sie müssen es sich nur erlauben …

Niemand kann Ihnen erlauben, was Sie sich selbst verweigern.

Selbstwert und Erfolg

Es ist unmöglich, die Auswirkungen eines gesunden Selbstwertgefühls auf Ihre Konfliktstärke, ja auf Ihr ganzes Leben zu überschätzen.

Menschen mit hohem Selbstwert haben mehr Erfolg im Leben.

Es gibt Menschen, die über kaum Erfahrung verfügen, nicht besonders intelligent oder artikuliert sind und auch sonst eher zwei linke Hände haben – doch sie haben eine überragende Fähigkeit: ein geradezu naives, unerschütterliches Selbstvertrauen. Das allein reicht schon aus, um erfolgreich und vor allem glücklich zu sein. Es stattet einen im Konflikt mit einer unerschütterlichen Ruhe und Gelassenheit aus.

Solche Menschen

- sagen sich immer wieder, dass sie im Grunde ganz okay sind, und fühlen sich deshalb auch so,
- haben gelernt, sich gut zu fühlen, selbst wenn die äußeren Umstände und ihre Erfolge nicht gut sind,
- akzeptieren sich auch und gerade in ihren Schwächen und Fehlern,
- erlauben sich selbst, auch an Fehlern zu wachsen,
- spüren tief drinnen, dass sie einen Wert als Mensch haben, der mit äußeren Erfolgen nicht viel zu tun hat,
- machen nicht mit, wenn andere auf ihnen herumhacken.

Einer dieser Menschen erzählte uns einmal: «Mein Chef ist ein kleiner Fiesling. Er erzählt mir jeden Tag mindestens einmal, dass ich nichts tauge. Ich denke mir dabei immer: ‹Der kann mir erzählen, was er will. Ich weiß, was ich alles leiste.›» So schützt man sein Selbstwertgefühl. Aber Sie schaffen nicht immer Ihr Tagespensum? Sie machen Fehler? Sie knicken in Konflikten zu schnell ein? Sicher, gewiss. Und? Was heißt das? Dass Sie sich deshalb klein, mies und als Versager fühlen sollen? Wer sagt das? Wo steht das? Hat das der Papst gesagt? Steht das in der Verfassung? In den zehn Geboten? Steht da irgendwo: «Wenn du einen Fehler machst, wenn du nicht perfekt bist, musst du dich mies fühlen!»?

Frage: Wann haben Sie denn ein starkes Selbstwertgefühl am nötigsten? Doch sicher dann, wenn Sie einen dicken Fehler gemacht haben, total versagt haben, Vorwürfen ausgesetzt sind. Und ausgerechnet dann wollen Sie sich mies fühlen, sich das nötige starke Selbstwertgefühl vorenthalten? Würden Sie das mit Ihrem Kind, mit Ihrem besten Kumpel, der besten Freundin auch machen? Nie im Leben? Aber mit sich, da machen Sie's? Kann nicht sein. Darf nicht sein.

Sie haben nicht nur ein Recht, sich gut zu fühlen. Es ist sogar Ihre Pflicht, sich ein starkes, stabiles Selbstwertgefühl zu geben.

Sie geben sich doch auch jeden Tag was zu essen. Das ist es, was die Bibel meint: «Der Mensch lebt nicht vom Brot allein.» Er braucht auch ein gesundes Selbstwertgefühl. Täglich. Stündlich. Minütlich. Was haben Sie in den letzten zehn Minuten für Ihr Selbstwertgefühl getan? Aha. Dann los! Aber so richtig. Nehmen Sie Ihr unveräußerliches Menschenrecht wahr, sich wohl zu fühlen. Jetzt.

Achten Sie dabei aber darauf, dass Sie nicht manipuliert werden. So wie es gerissene Verhandler und Konfliktpartner gibt, die Ihr Selbstwertgefühl angreifen, um Sie zu Fehlern zu verleiten, gibt es auch Menschen, die mit dem gleichen Hintergedanken Ihr Selbstwertgefühl aufbauen. Ein Kollege sagt zum Beispiel zum anderen: «Du, Peter, du machst das doch immer so gut. Mach doch bitte für mein Projekt eine saubere Vorkalkulation.» Das Projekt hat mit der eigentlichen Arbeit von Peter rein gar nichts zu tun. Die Vorkalkulation würde ihm nur kostbare Zeit stehlen. Das weiß der Kollege, weshalb er Peter Honig ums Maul schmiert. Peters Selbstwert steigt, und aus reiner Dankbarkeit ist er versucht, dem Kollegen den zeitintensiven Gefallen zu tun.

Wenn Sie anderen Menschen Macht über Ihr Selbstwertgefühl geben, werden Sie manipulierbar!

Ob Sie mit Kritik erfolgreich umgehen können, hängt ebenfalls vom Selbstwert ab. In Konflikten geht es oft um Kritik: «Da haben Sie mal wieder Mist gebaut!» So ein Vorwurf bringt den Konflikt zur Eskalation, weil er tief verletzt? Nicht unbedingt. Das hängt nämlich nicht nur vom Angriff ab, sondern auch vom Angegriffenen.

Mit einem starken Selbstwertgefühl nehmen Sie auch harsche Kritik gelassen.

Dann können Sie zum Beispiel sagen: «Ja, das ging eher unglücklich aus. Das nehme ich auf meine Kappe. Schwamm drüber. Aus Fehlern wird man klug.» Menschen mit kleinem Selbstwertgefühl dagegen fällt es unendlich schwer, auch mal einen Fehler oder Fehleranteil einzugestehen. Denn sie würden sich durch so ein Eingeständnis noch schwächer fühlen, was ihr Selbstwertgefühl noch stärker schwächt, was sie noch anfälliger für Kritik macht … Ein Teufelskreis, innerhalb dessen nicht nur die Konfliktfähigkeit völlig verloren geht, sondern auch noch jeder Erfolg und jede Spur von residualem Lebensglück.

Wenn Sie bemerken, dass Sie Mühe haben, auch mal einen Problemanteil, einen Fehler oder ein Versäumnis einzugestehen – Alarm! Stärken Sie umgehend Ihr Selbstwertgefühl!

Was tun die meisten Menschen stattdessen? Sie rechtfertigen sich, verteidigen sich, greifen den anderen an, reden sich raus, versuchen, den Fehler zu vertuschen, die Kritik herunterzuspielen … Das ist ja alles ganz nett, aber es stärkt nicht Ihr Selbstwertgefühl. Im Gegenteil. Es schwächt es noch weiter. Wie die Franzosen sagen: «Qui s'excuse, s'accuse.» Wer sich rechtfertigt, reitet sich nur noch tiefer rein.

Kompensation als Täuschungsmanöver

Das Problem eines schwachen Selbstwertes ist so alt wie die Menschheit. Deshalb haben sich Menschen seit Jahrhunderten Strategien ausgedacht, wie sie ein starkes Selbstwertgefühl aufbauen können. Häufig greifen sie auf äußere Werte zurück, die den Selbstwert nur vermeintlich stärken:

– Streben nach Prestige und Ansehen, frei nach dem Motto: «Mit einer Busen-OP fühle ich mich endlich als richtige Frau!» Oder: «Erst mit einem 7er-BMW bin ich ein richtiger Mann!»
– Kampf um Macht: «Wenn ich andere herumkommandieren kann, fühle ich mich stark!»
– Vergleich: «Ich bin hübscher als sie, also bin ich mehr wert.»
– Kampf um Anerkennung: «Erst wenn Papi (oder mein Chef, mein Partner) mich lobt, darf ich mich wohl fühlen.»
– Kampf um Reichtum, Vermögen, Statussymbole: «Mein Haus, mein Auto, meine Blondine, meine Yacht!»

Die gesamte westliche Welt samt Kultur, Rechtssprechung und Wirtschaftssystem fußt auf diesen Kompensationsstrategien. Eben weil sie so wirkungslos sind, streben Menschen nach immer mehr Macht, Reichtum und Status. Je mehr Geld und Macht man hortet, desto mehr braucht man davon, weil alles Gold der Welt den schreienden Hunger nach Selbstwert nicht stillen kann. Alles, was wir damit erreichen, ist ein Amok laufender Kapitalismus. Was wir nicht damit erreichen, ist ein gesundes, nachhaltiges und stabiles Selbstwertgefühl.

Der Vorteil von Ersatzbefriedigungen: Sie geben kurzfristig ein gutes Gefühl. Der Nachteil: Wir müssen immer mehr davon haben, weil die Wirkung nur so verdammt kurz anhält!

Wenn der Chef Druck macht und unser Selbstwert in den Keller geht, machen wir halt unseren eigenen Untergebenen Druck und fühlen uns kurzfristig gut dabei – aber eben nicht lange. Ein verständlicher und typischer Selbstbetrug. Warum eigentlich?

Was ich über mich selbst denke, wird leider nicht davon beeinflusst, wie reich ich bin oder wie viele Leute ich zur Sau mache.

Deshalb gibt es so viele depressive Millionäre: Trotz allem Reichtum glauben sie immer noch tief in ihrem Herzen, dass sie jämmerliche Versager sind. Wer das glaubt, dem helfen auch keine Geldberge à la Dagobert Duck. Also: Nutzen Sie eine ruhige Minute, ziehen Sie sich zurück und denken Sie über obige Checkliste nach. Das steigert Ihr Selbstwertgefühl schneller und nachhaltiger, als wenn Sie eine Million an der Börse machen (obwohl sich das natürlich auch nicht schlecht anfühlt – es hält nur nicht vor).

Der Meister im Konflikt

Was bedeutet das für Ihre Konfliktkompetenz? Meister der Konfliktklärung

- bereiten sich nicht nur argumentativ auf ein Konfliktgespräch vor, sondern vor allem auch ihr Selbstwertgefühl,
- gehen nur mit hohem und stabilem Selbstwert in ein Konfliktgespräch. Denn sie wissen: Selbst die besten Argumente und rhetorischen Kniffs nützen nichts, wenn das nötige Selbstvertrauen fehlt,
- schützen im Konflikt aktiv ihr Selbstwertgefühl. Sie lassen ihr Gegenüber nicht an ihre wunden Punkte und roten Knöpfe,
- halten sich selbst dann daran, wenn der Konflikt hässlich wird. Ihr Grundsatz lautet: «Ich lasse den Partner nicht an mein Selbstwertgefühl ran – komme, was da wolle!»,
- kennen ihre wunden Punkte und rufen sich diese vor einem Konfliktgespräch in Erinnerung, um sich nicht überraschen zu lassen,
- halten Abwehrgedanken bereit, die sie bei Gelegenheit abrufen können, zum Beispiel: «Das ist seine Meinung – nicht meine!»,
- lassen sich nicht auf Amateur-Ausreden ein wie: «Aber er hat mich so geärgert! Da musste ich doch einfach mal grob werden!»,
- wissen, dass der einzige Mensch, der den Wert eines Menschen bestimmen kann, dieser Mensch selbst ist. Leider kommt dieses Menschenrecht nur jenen zugute, die es nutzen.

Starke fordern anders und mit Stil

Menschen mit hohem Selbstwert lassen sich nicht nur kaum provozieren, runterziehen und zu Fehlern verleiten. Sie schneiden in Konflikten auch deshalb besser ab, weil sie anders fordern.

> *Menschen mit starkem Selbstwertgefühl fordern so, dass man es ihnen kaum abschlagen kann.*

«Ach, könnten Sie nicht vielleicht …? Ich will auch ganz artig sein!» In diesem Ton fordern Menschen mit schwachem Selbstwert. Sie kriechen hinten rein, um es bildlich auszudrücken – oder werden pampig wie ein Teeny: «Papi, ich will das aber haben!» Das geht einem nicht nur bis zum glühenden Mordgedanken auf den Senkel, das ist auch notorisch erfolglos. Menschen mit starkem Selbstwert sagen dagegen einfach und selbstbewusst: «Ich hätte gerne dies und jenes.» Und sie bekommen es auch meist. Jedenfalls viel häufiger als die Brownnoser, denen der Volksmund die größere Erfolgswahrscheinlichkeit nachsagt. Doch hier irrt der Volksmund.

Wer selbstsicher fordert, hat mehr Erfolg.

Steht übrigens schon in der Bibel: «Bittet so, als ob ihr es schon bekommen hättet – und ihr werdet es bekommen.» Der Brownnoser-Mythos ist eine Schutzlüge von Menschen mit schwachem Selbstwertgefühl.

Was an Menschen mit starkem Selbstwertgefühl in Konflikten angenehm auffällt:

Ein Mensch mit starkem Selbstwert greift niemals den Selbstwert seines Partners an.

Das hat er nicht nötig. Woraus sich umgekehrt ergibt: Wenn es ein Konfliktpartner auf Ihren Selbstwert abgesehen hat: nicht aufregen! Bedauern Sie den Ärmsten! Denn offensichtlich hat er es nötig. Sein Selbstwertgefühl ist im Keller. Meist weiß er noch nicht mal, was er da tut, weil sein Unterbewusstes ihn fest im Griff hat. Wer kein Rückgrat hat, wer in seinen eigenen Augen nichts wert ist, der glaubt, seine Existenz dadurch aufwerten zu können, indem er andere abwertet. Er spielt «One up, one down», wie Watzlawick das genannt hat. Ein starker Mensch hat so was nicht nötig.

Werte und Intimität leben

«Whatever his rules – he lived by them», sagt Chandlers Philip Marlowe über einen Zeitgenossen. Da hat der große Romancier eine ewige Wahrheit prägnant eingefangen:

> *Nichts stärkt das eigene Selbstwertgefühl so intensiv und nachhaltig, wie den eigenen Werten treu zu bleiben.*

Oder wie Luther gesagt haben soll: «Hier steh ich nun, ich kann nicht anders.» Sicher hätte er auch kneifen und leise von dannen ziehen können, die 99 Thesen unterm Arm. Das hätte ihm viel Ärger (und den Katholiken das Schisma) erspart, ihn aber wahrscheinlich für den Rest seines Lebens seines Selbstwertgefühls beraubt. Der Volksmund behauptet zwar: «Nichts schwächt den Körper so sehr wie Frauen und Alkohol.» Doch die Wahrheit ist:

> *Nichts schwächt die Kraft eines Menschen so sehr, wie wenn er seine eigenen Werte verleugnet, sich selbst untreu wird, sich selbst verrät.*

Dies wussten übrigens alle großen Dramatiker der Geschichte, zum Beispiel Shakespeare: «Above all, to thine own self be true!» Vor allem: Sei dir selbst treu! Denn nichts stärkt den eigenen Selbstwert so sehr wie kongruentes Handeln (= im Einklang mit den eigenen Werten). Wenn Sie zum Beispiel sich selbst als guten, kollegial führenden und beziehungsorientierten Vorgesetzten verstehen und Ihr Boss Ihnen aufträgt: «Wir müssen downsizen. Schmeißen Sie zwanzig Prozent Ihrer Belegschaft raus! Machen Sie's auf die harte Tour, damit sich keiner traut, vor den Kadi zu ziehen», und Sie tun das, dann werden Sie die vielen Einzelkonflikte um die Kündigungen herum kaum ohne gröbere Schäden bestehen. Nicht, weil Kündigen immer ein harter Job ist. Sondern weil Sie im Widerspruch zu Ihren eigenen Werten handeln! Das höhlt einen Menschen buchstäblich von innen heraus aus.

In Konflikten ist die Versuchung oft riesengroß, gegen die eigenen Werte zu handeln – um zu gewinnen, um des lieben Friedens willen, um es sich einfacher zu machen. Doch das ist wie die Versuchung, beim Geburtstag eines Kumpels acht Pils zu trinken: keine wirklich gute Idee. Stehen Sie zu Ihren Werten. Auch und gerade im Konflikt. Das tun zumindest die Konfliktchampions. Deshalb sind sie Champions.

Wer im Konflikt seine Werte lebt, stärkt sein Selbstwertgefühl und damit seine Chancen, den Konflikt erfolgreich zu meistern.

Außerdem: Wer zu seinen Werten steht, kann selbst einen verlorenen Konflikt erhobenen Hauptes verlassen, sozusagen als moralischer Gewinner. Für einen Gewinner jedoch, der für den Sieg seine Werte verrät, fühlt sich der Triumph an wie die berühmten «ashes in our mouth» (J. F. Kennedy).

Wenn ein starkes und stabiles Selbstwertgefühl so wichtig für Konfliktbewältigung und Leben ist, wie können Sie es noch steigern? Zum Beispiel durch Intimität. Damit meinen wir nicht (nur) Sex – auch wenn er noch so knistert.

Wirkliche Nähe zu anderen Menschen, bei denen Sie sich innerlich ganz öffnen können, ist ein sagenhafter Selbstwert-Booster.

Deshalb sagen Menschen oft, dass die Familie ihnen Sicherheit und Halt gibt. Sie meinen damit nicht unbedingt die traditionelle Familie, sondern Menschen, bei denen sie sich öffnen und richtig auftanken können.

Intimität ist eine starke Quelle für Ihren Selbstwert. Suchen Sie sie. Pflegen Sie sie. Sie ist jedes Engagement wert. Bei welchen Menschen können Sie «intim» werden?

Noch ein Charakteristikum: Menschen mit starkem Selbstwertgefühl wissen, was gut für sie ist – und holen es sich.

Das Matrix-Motiv: Leben als Konstrukt

Der häufigste Einwand, den wir bei Diskussionen des Selbstwerts hören, lautet: «Aber so fühle ich mich gar nicht! Ich fühle mich halt mies, da kann ich mir nicht einreden, dass ich eigentlich ganz okay bin!» Doch. Genau das müssen Sie.

Wenn Sie glauben, dass Sie jemand sind, dann müssen wir Sie enttäuschen: Sie sind nicht per se jemand. Sie sind eine Konstruktion.

Schauen Sie sich doch an! Das, was Sie heute, in diesem Augenblick sind, ist kein Naturprodukt, sondern Produkt dessen, was Eltern, Medien, Lehrer und andere wohlmeinende Zeitgenossen an Programmierschnipseln in Ihrem Kopf hinterlassen haben.

Selbstwert ist ein Konstrukt: Das, was ich mir wissentlich und unwissentlich über mich selbst zurechtreime.

Für ein starkes Selbstwertgefühl müssen wir im Laufe unseres Lebens nach und nach jenes in unserem Kopf zurückdrängen, was Eltern und andere zwar wohlmeinend, aber nicht besonders selbstwertstärkend dort hinterlassen haben. Wir müssen neue Erkenntnisse gewinnen und diese im Kopf hinterlegen. Bis die alten Daten langsam überlagert und ins Abseits geschoben werden. Das machen zumindest Konfliktchampions und Lebenskünstler. Denn sie wissen:

Das Leben ist nicht so, wie es ist, sondern so, wie man es sich einrichtet.

Dann konstruieren Sie mal schön! Oder wie Lichtenstein es sinngemäß sagte: Was kann man über einen Menschen Größeres sagen, als dass er die Schöpfung seines eigenen Geistes ist? Wes' Geistes Kind sind Sie? Eines fremden oder Ihres eigenen?

Der Feedback-Filter

«Schön, dass Sie im Team sind. Ich schätze Ihre Fachkompetenz sehr.» – «Sie haben ja keine Ahnung von Projektmanagement!» So was hören wir alle Tage; gute Rückmeldungen, negatives Feedback. Was fangen wir damit an? Wir freuen uns über das gute und ärgern uns über das miese Feedback. Ist das klug? Nicht wirklich. Wer so handelt, verhält sich zwar sehr menschlich, ist aber nicht mehr als eine Fahne im Wind – total abhängig von der nächsten Windböe. Aus welcher Richtung wird sie kommen? Ist sie böse oder gut? Vor allem: Mit jedem unreflektiert übernommenen Negativfeedback geht Ihr Selbstwertgefühl in den Keller! Wollen Sie das? Nein. Deshalb:

Behandeln Sie Feedback jeder Art nach dem Aschenputtel-Prinzip: die guten ins Töpfchen, die schlechten ins Kröpfchen.

Konkret bedeutet das, dass Sie fünf Töpfchen aufmachen und jedes Feedback in einem ablegen, und zwar nach folgenden Kriterien:

1. Positive Rückmeldung über unser Sein: «Schön, dass es dich gibt!», «Ich liebe dich!», «Gut, dass Sie im Team sind.» Das ist uneingeschränkt positiv zu bewerten.
2. Positive Rückmeldung über unser Tun: «Gut gemacht!», «Ich hab dich lieb, weil du immer so verständnisvoll bist», «Schön, dass Sie im Team sind, Sie schreiben immer so schöne Protokolle.» Das ist immer noch gut, aber ein bisschen weniger wert: Hat sie mich etwa nicht mehr lieb, wenn ich mal mies drauf bin und nicht so verständnisvoll sein kann? Bin ich nur deshalb wohl gelitten, weil ich schöne Protokolle schreibe?
3. Negative Rückmeldung über unser Tun: «Ihr Protokoll ist nicht konkret genug!», «Du hörst mir nie richtig zu!»
4. Negative Rückmeldung über unser Sein: «Du bist voll scheiße, Alter!», «Sie sind als Teammitglied nicht zu gebrauchen!»
5. Ignorieren: Man zeigt uns die kalte Schulter, lässt uns links liegen. Seltsamerweise ist das noch viel schlimmer als negatives Feedback.

Was fangen Sie nun mit den fünf Töpfchen an? Gehen Sie bei jedem Feedback die folgenden Schritte durch:

1. Fragen Sie sich: Was krieg ich da von draußen zugetragen? Diese bewusste Reflexion verhindert, dass Ihr Selbstwertgefühl allein dadurch in den Keller geht, dass Sie unkritisch blödes Zeug von außen übernehmen.

2. Bewerten Sie Realitätsnähe und Verhältnismäßigkeit des Gehörten: Wie realistisch ist das, was Sie hören? Wie verhältnismäßig? Wenn es realistisch und verhältnismäßig ist, können Sie es im Positiven wie im Negativen annehmen.

3. Fällt das Gehörte durch eines der beiden Kriterien, sollten Sie es sofort (innerlich!) ablehnen! Macht zum Beispiel Ihr Chef wieder mal aus einer Mücke einen Elefanten: Sofort innerlich ablehnen! Auch wenn es positiv ist: Sie haben ein gutes Protokoll geschrieben und der Chef lobt Sie, als ob Sie das Projekt ins Ziel gefahren hätten. Ablehnen! Denn wer Sie so über den grünen Klee lobt, will sicher was von Ihnen!

Sie müssen sich diese drei Schritte noch nicht mal unbedingt merken. Merken Sie sich einfach:

> *Wer Gehörtes unkritisch übernimmt, frisst aus dem Müll!*

An Konflikten wachsen

Menschen mit hohem Selbstwertgefühl sind auch deshalb Konfliktchampions, weil sie nicht nur ihr eigenes Selbstwertgefühl hoch und stabil halten. Sie gehen auch mit dem Selbstwertgefühl ihres Konfliktpartners förderlich um. Sie drängen ihn nicht in eine Ecke, sie putzen ihn nicht runter, weil sie wissen: Ein gekränkter Konfliktpartner ist ein widerborstiger Konfliktpartner, der Probleme macht und tendenziell eskaliert. Sie achten nicht nur aus reiner Menschenliebe auf den Selbstwert des Partners, sondern auch aus Eigennutz:

Ein Partner mit hohem Selbstwert ist schneller bereit für eine gute Lösung.

Die Amateure sehen das anders: «Du musst ihn total unter Druck setzen, dann wird er eher weich!» In der Praxis klappt dies leider gar nicht. Trotzdem wird Druckmachen häufig als einzige Möglichkeit in Betracht gezogen.

Druckmachen ist das Rezept der Amateure. Profis setzen auf Selbstwert.

Sie achten nicht nur auf den eigenen, sondern auch auf den Selbstwert des Partners. Das tun Sie auch? Ja, ja, das macht jeder. Wie auch jeder ein überdurchschnittlicher Autofahrer ist (eine statistische Unmöglichkeit). Lassen Sie uns deshalb das abstrakte Rezept operationalisieren.

Ein Konfliktprofi überlegt nicht nur, wie das, was er sagen wird, seinen Konfliktpartner überzeugen wird. Er überlegt auch, wie sich das, was er sagen wird, auf dessen Selbstwertgefühl niederschlägt.

Amateure sagen: «Ich bin doch nicht der Herr Pfarrer oder Psychologe! Es geht hier um knallharte Fakten! Was sein Selbstwertgefühl macht, ist allein seine Sache! Das geht mich nichts an!» Herrlich. Seien Sie froh über jeden, der noch daran glaubt, dass die Erde eine Scheibe ist. Denn je mehr es von diesen Sauriern im Atomzeitalter gibt, desto einfacher dürfte es für Sie sein, in Konflikten zu glänzen.

Wir reden hier nicht über Böhmische Dörfer. Die meisten Menschen, die mit der Selbstdiagnose «Konfliktschwäche» zu uns kommen, ahnen oder wissen, wo der Hase im Pfeffer liegt: «Mir fehlt einfach der Mumm, mich im Konflikt durchzusetzen.» – «Die Konflikttechniken, die ich gelernt habe, sind gut – aber oft fehlt mir das Selbstvertrauen, sie auch anzuwenden. Und dann nützen sie mir auch nichts.» Gut erkannt.

Die meisten Menschen, die unter einem schwachen Selbstwertgefühl leiden, wissen das nur zu gut. Was sie nicht wissen: Selbstwertgefühl ist nicht angeboren. Es ist Trainingssache.

Absolut. Garantie drauf. Wenn Seminarteilnehmerinnen und -teilnehmer auch nur vierzehn Tage lang konzentriert an ihrem Selbstwertgefühl arbeiten, erkennen wir sie danach kaum wieder. Da steht ein ganz anderer Mensch vor uns: aufrecht, ehrlich, authentisch, stark, mit einem Blitzen im Auge und einem Lächeln auf den Lippen. Fast alle berichten von einer «verrückten» Nebenwirkung: «Seit mein Selbstwertgefühl stärker geworden ist, brauche ich es gar nicht mehr so oft. Ich gerate viel seltener in Konflikte. Und wenn, dann sind sie nicht mehr so schlimm. Ich glaube, die Leute merken, dass ich nicht mehr alles mit mir machen lasse.» Exakt. Ein fantastisches Ergebnis, wenn man bedenkt, dass für ein starkes, stabiles Selbstwertgefühl (wie gesehen) schon drei Dinge große Wirkung tun:

– Innere Antreiber schwächen das Selbstwertgefühl mit überzogenen Forderungen. Erkennen Sie diese. Verwechseln Sie sie nicht länger mit der Realität. Setzen Sie Ihren Antreibern Erlauber entgegen. Wie oft? So oft ein Antreiber auftaucht.

– Äußere Gesprächspartner manipulieren Ihr Selbstwertgefühl mit Vorwürfen und Kritik, aber auch mit Schmeicheleien. Erkennen Sie diese Versuche der Einflussnahme. Übernehmen Sie nichts ungeprüft von außen! Sagen Sie sich: «Was ich von dieser Kritik übernehme, ist meine Sache. Wie ich mich fühle, ist meine Entscheidung.»

– Sagen Sie sich vor allem immer wieder: «Es ist mein Recht, mich gut zu fühlen!»

Dann klappt das auch mit dem Selbstwertgefühl.

Der Konfliktwirkungsgrad:
Professionelles Konfliktmanagement

Was wollen Sie? Welche Frage! Natürlich jeden Konflikt gewinnen. Oder zumindest aus jeder Konfliktsituation das Beste für sich herausholen. Geht das? Ja. Wie? Wie beim Auto. Wovon hängt ab, wie viel Sprit Sie auf 100 Kilometer verbrauchen? Unter anderem vom Wirkungsgrad des Motors. Schöne Sache: Auch Ihr Erfolg in Konflikten hängt von einem Wirkungsgrad ab.

Je höher der Konfliktwirkungsgrad, desto weniger müssen Sie in einen Konflikt reinstecken und desto mehr bekommen Sie heraus.

Ingenieure, Naturwissenschaftler, Kaufleute, Kopfmenschen und Intellektuelle atmen auf: Das hoch emotionale und stressige Konstrukt Konflikt lässt sich tatsächlich in eine schön handliche, objektive Formel des KWG, des Konfliktwirkungsgrades, bringen. Wovon hängt der Wirkungsgrad ab? Ganz einfach: nur von drei Parametern. Er hängt ab

1. vom Ausschöpfungsgrad aller erreichbaren Ressourcen. Wenn ich alle Möglichkeiten eines Konfliktes ausschöpfe, dann steigt der Wirkungsgrad (ceteris paribus),
2. vom nicht zu verhindernden Schmerz, dem Verzicht, den negativen Emotionen, die ein Konflikt mit sich bringt. Je höher diese emotionale Negativkomponente, desto geringer der Wirkungsgrad. Das heißt, wenn ich meinem Konfliktpartner ständig unnötig auf die Füße trete, dann senke ich damit den KWG,
3. von den Transaktionskosten, also von der geopferten Zeit, dem Kommunikationsaufwand und allem anderen, was man an Aufwand in einen Konflikt steckt. Wer zügig streitet, streitet besser. Wer in den Konflikt unnötig viel Zeit investiert, senkt dagegen den KWG.

Diese drei Parameter packen wir jetzt in eine handliche Formel.

Die Konfliktformel

Wir konstruieren aus den obigen drei Parametern einen einfachen Quotienten:

$$\text{Konfliktwirkungsgrad (KWG)} = \frac{\substack{\text{Nutzen [von 0 bis 1] im Sinn des Ausschöpfungsgrades} \\ \text{der möglichen/verfügbaren Ressourcen}}}{\frac{(\text{Schmerz [von 1 bis 5]} + \text{Aufwand [von 1 bis 5]})}{2}}$$

Die Formel leuchtet unmittelbar ein: Je größer mein Nutzen im Sinne des Ausschöpfungsgrads der möglichen/verfügbaren Ressourcen (Zähler), desto höher ist mein Wirkungsgrad. Und je mehr Schmerz und Aufwand ich verursache (Nenner), desto geringer mein KWG. Um zu handlichen Werten zu kommen, skalieren wir die drei Parameter wie folgt:

Nutzen [von 0 bis 1]:	0 = alle Möglichkeiten des Konflikts verschenkt (0 %)
	1 = alle Optionen ausgeschöpft (100 %)
Aufwand + Schmerz [von 1 bis 5]:	1 = nur der unbedingt notwendige Aufwand/ Schmerz wird verursacht
	2 = der doppelte Aufwand/Schmerz entsteht
	3 = wiederum Verdoppelung
	4 = wiederum Verdoppelung
	5 = wiederum Verdoppelung

Moment mal – wie will man denn «Schmerz» von 1 bis 5 skalieren? Sie haben Recht: rein subjektiv. Dennoch: Eine subjektive Skalierung ist zwar nicht so exakt wie eine objektive (mit Meter, Liter, Grad), doch sie ist immer noch entschieden besser, als wenn man im Blindflug unterwegs ist.

Wenn Sie die Zahlen in den Quotienten schreiben, erhalten Sie als Resultat einen Wert für den KWG, der zwischen 0 und 1 liegt und wie in der Wirkungsgradberechnung in der Physik ausgedrückt werden kann. Ein KWG von 0,3 bedeutet also einen 30-prozentigen Konfliktwirkungsgrad – was ziemlich mies ist. Rechnen wir ein Beispiel durch.

Am Exempel

Ein Automobilhersteller, zwei Projektgruppen. Beide entwickeln ein neues Automodell, beide brauchen ein nahezu identisches Steuerungsmodul. Gruppe A hat es bereits entwickelt. B müsste es noch entwickeln – oder aber von A bekommen und etwas modifizieren. B sagt zu A: «Ihr habt das doch schon. Wir brauchen es auch. Gebt es uns doch bitte!» A sagt: «Wir haben sechs Monate und eine halbe Million in die Entwicklung gesteckt. Das kriegt ihr doch nicht umsonst! Ihr seid genauso für eure Kosten verantwortlich wie wir. Und wir wollen nicht, dass ihr auf unsere Kosten gut dasteht!»

Was ergibt das? Einen schönen Konflikt. Der Entwicklungsleiter des Automobilbauers (den es wirklich gibt und der den Konflikt tatsächlich so erlebt – jedes Jahr dutzendfach) kriegt den Konflikt irgendwann über den Flurfunk mit und schaltet automatisch auf Konfliktmanagement. Er analysiert die Konfliktsituation anhand des KWGs:

– Wenn A das Modul an B gibt, das heißt, wenn alle Ressourcen genutzt werden, ist der Nutzungsgrad = 1.

– Wenn sich A und B zusammensetzen und die Übergabe innerhalb von, sagen wir, zwei Stunden vereinbaren und dabei keiner dem anderen auf den Schlips tritt, wird nur der absolut notwendige Aufwand beziehungsweise Schmerz verursacht, das heißt beide Nennerwerte sind = 1. Was ergibt:

$$KWG = \frac{1}{\dfrac{(1 + 1)}{2}} = 1$$

Also einen Konfliktwirkungsgrad von 100 Prozent. Besser ginge es nicht! Mit der Betonung auf «ginge», Konjunktiv. Denn tatsächlich beobachtet der Entwicklungsleiter Folgendes: So, wie es aussieht, wird Gruppe A zwar das Modul letztendlich abgeben (Nutzungsgrad = 1). «Doch die beiden Projektleiter kabbeln jetzt schon über zehn Stunden miteinander rum», beklagt sich der Entwicklungsleiter. «Und die nerven sich gegenseitig mächtig.» A nennt B zum Beispiel «einen faulen Haufen Trittbrettfahrer», B nennt A «verdammte Egoisten». Der Entwicklungsleiter setzt Zeitaufwand und Schmerz subjektiv auf jeweils 3 fest, was ergibt:

$$KWG = \frac{1}{\dfrac{(3 + 3)}{2}} = \frac{1}{3} = 0,33 = 33\%$$

Ein Wirkungsgrad von 33 Prozent? Jede Glühbirne hat mehr. Doch das ist noch nicht einmal das Schlimmste. Der Entwicklungsleiter weiter: «Wie mir meine Sekretärin sagt, behauptet der Flurfunk, dass A doch noch 200 000 Euro Ablösesumme von B will.» Das heißt nachschieben. Das würde den Nutzungsgrad noch weiter verschlechtern, was für den Entwicklungsleiter ganz klar heißt: «Ich muss eingreifen. Ich kann in meinem Führungsbereich keine Konflikte mit einem Wirkungsgrad von 33 Prozent und weniger zulassen! Ich mische mich ja weiß Gott nicht in jede kleine Cafeteriastreiterei ein. Doch wenn die Burschen nur 33 Prozent Wirkungsgrad entwickeln, dann wird der Konflikt zur Führungsaufgabe!»

Da hat er Sinn und Zweck der Konfliktformel exakt erfasst. Sie ist Basis eines professionellen Konfliktmanagements, weil sie relativ objektiv angibt, welche Konflikte interventionsbedürftig sind.

Wie die Profis Konflikte managen

Ein schwäbischer Mittelständler in Familienhand, sehr modern geführt. Der Patriarch sagt: «Wir verlieren zu viel Produktivität wegen unnötigen, langwierigen und viel zu stressigen Konflikten. Das muss besser werden! Wir führen ein professionelles Konfliktmanagement ein!» Er ruft zwei Ihnen nicht ganz unbekannte Konfliktberater ins Haus und veranstaltet einen Workshop mit seinem engeren Führungsteam. Der Workshop läuft folgendermaßen ab:

– Zunächst erstellt das Führungsteam eine so genannte Konfliktlandkarte: Welche Konflikte schwelen überhaupt im Haus? Alle werden kartografiert. Konflikte unter Mitarbeitern, Abteilungsleitern, mit Lieferanten, Kunden. Es kommen insgesamt 27 zusammen.

– Dann berechnet das Team für jeden der zehn wichtigsten Konflikte den KWG.

– Danach wendet es die Ampelregel an.

– 3 Konflikte laufen gut, sie haben einen KWG > 70 Prozent. Diese liegen sozusagen im grünen Ampelbereich.

– 4 Konflikte sind gelb, da ihr KWG zwischen 0,4 und 0,7 liegt. Gelb bedeutet: Laufen lassen, aber waches Auge drauf haben.

– 3 Konflikte sind rot: KWG < 0,4. Der Patriarch: «Da zahlen wir sicherlich drauf! Das darf nicht sein! Da müssen wir sofort etwas tun!» Das heißt: Mediation starten, Workshop einberufen, Gruppencoaching … whatever. Hauptsache, man überlässt diese roten Kandidaten nicht weiter interventionslos ihrem Schicksal.

Hinterher sagt der Unternehmenslenker: «Die Übung hat mich doch sehr erleichtert. Unsere Konfliktflut belastet mich jetzt weitaus weniger. Jetzt habe ich den Überblick – und kann die Kandidaten anschieben, die es am nötigsten haben, ohne mich zu verzetteln.»

Der KWG ist ein ideales Instrument zur Komplexitätsreduktion und für ein wirksames Konfliktmanagement.

Und jetzt Sie!

Was gut ist fürs moderne Management, ist gut genug für Sie: Zeichnen Sie Ihre eigene Konfliktlandkarte. In welchen Konflikten stecken Sie gerade? Nehmen Sie auch die inneren Konflikte dazu.

Meine Konfliktlandkarte

	Beruf	*Privat*
Ich als Beobachter		
Ich als Beteiligter		
Innere Konflikte		

Teilnehmerinnen und Teilnehmer unserer Seminare berichten nach dieser kleinen Übung immer wieder: «Meine vielen Konflikte haben mich doch sehr belastet. Ich kam mir irgendwie hilflos vor. Alles war so unübersichtlich. An jeder Ecke hat's gebrannt, und ich wusste gar nicht, wo ich zuerst löschen sollte. Nachdem ich jetzt für jeden Konflikt den KWG kenne, kann ich mich auf jene Konflikte konzentrie-

178

ren, die es am nötigsten haben. Ich habe das Gefühl, es gehe voran! Hilflos fühle ich mich nicht mehr.» Natürlich fällt es am Anfang etwas schwer, vor allem den Nenner zu quantifizieren: Was ist an Aufwand und Schmerz «notwendig», was schon nicht mehr? Doch es ist wie mit allen Schätzungen: Schon mit wenig Übung bekommen Sie ein Gefühl dafür. Das Schöne an subjektiven Schätzungen: Da Sie das Subjekt, das schätzt, nicht austauschen (weil Sie sich selbst bleiben), bleibt der Schätzfehler entlang einer Trendachse konstant und daher vernachlässigbar.

Doch der KWG liefert nicht nur Zahlen für ein hoch emotionales Phänomen. Er signalisiert vor allem Handlungsbedarf und verweist auf Ansatzpunkte zur Lösung beziehungsweise zur Erhöhung des Wirkungsgrades.

Die Goldenen KWG-Imperative

- Wenn ein Konflikt Sie belastet, leiden Sie nicht. Sagen Sie sich lieber: Hoch mit dem KWG!
- Denken Sie an den Zähler: Hoch damit! Das heißt: Lassen Sie wirklich keine Möglichkeit ungenutzt, keine Option unversucht, die der Konflikt Ihnen bietet.
- «Darüber reden wir hier nicht!» Oder: «Das funktioniert doch eh' nicht!» Solche Killersprüche sind verboten, weil sie den Zähler und die Anzahl der Optionen schmälern.
- Suchen Sie vielmehr konzentriert nach sich bietenden Chancen. Übersehen Sie keine. Tun Sie keine von vornherein ab. Lassen Sie keine Ausrede gelten. Wenden Sie Ihre ganze Aufmerksamkeit auf, um nach Optionen zu suchen, mit denen der Konflikt gelöst werden kann.
- Begnügen Sie sich nicht damit, dass es in Konflikten oft danach aussieht, als seien alle Optionen ausgeschöpft. Wenn es danach aussieht, fragen Sie sich: Wo könnten noch Chancen liegen? Wo könnten wir noch (mal) suchen? Was haben wir bislang übersehen oder abgetan?
- Auch verrückte Optionen sind erlaubt und auch solche, die schon

hundertmal gescheitert sind. Wer sagt denn, dass es diesmal nicht klappt?

- Ein gutes Chancensuchkriterium: das Analogon. Fragen Sie: Wo gab es schon mal einen ähnlichen Konflikt, und wie wurde er gelöst?
- Lösen Sie sich vom falschen Fokus. Nicht: «Ich muss dir als Konfliktpartner in diesem Konflikt zeigen, wie blöd du bist.» Sondern: «Hilf mir bitte, damit wir möglichst gute Optionen finden!»
- Denken Sie auch an den Nenner: Halten Sie den Aufwand klein! Streiten Sie so einfach wie möglich!
- Investieren Sie so wenig Zeit, Aufwand und Emotionen wie möglich.
- Das heißt auch: «Steiger' dich nicht rein! Mach andere nicht zur Sau!»
- Setzen Sie keine zwei Stunden Konfliktmeeting an, wenn es auch in einer geht.
- Halten Sie Abstand zur Beziehungsebene! Das erhöht nur künstlich den Schmerz!
- Fragen Sie sich bei Zeitaufwand und Schmerz: Muss das jetzt sein? Ist das jetzt nötig?
- Auf den Aufwand achten heißt auch: Reden Sie nicht um den heißen Brei herum! Machen Sie keine Nebenkriegsschauplätze auf!
- Bleiben Sie sachlich und direkt.

Kein Solo

Ist es Ihnen aufgefallen? Für den KWG eines Konflikts sind nicht allein Sie zuständig. Wenn Sie kurz und knapp formulieren und den Konfliktpartner nicht unnötig aufregen, dieser zum Dank dafür aber rumschwafelt und Sie beleidigt, dann geht der KWG in den Keller – obwohl Sie nichts dafür können. Besser geht es, wenn Sie den Partner einladen, konstruktiv mitzuarbeiten. Wie so eine Einladung funktioniert, zeigen wir Ihnen im nächsten Kapitel.

Die Einladung: Wenn der Partner querschießt

«Alles schön und gut, was Sie mir an Konflikttechniken zu bieten haben», könnten Sie an dieser Stelle sagen. «Aber wenn mein Konfliktpartner nicht mitspielt, dann geht der KWG in den Keller!» Guter Punkt.

Der Partner ist naturgemäß eines der größten Probleme im Konflikt.

Was tun Sie, wenn der Partner sich nicht kooperativ zeigt, nicht mitspielt? «Mann, seien Sie doch bitte ein bisschen kooperativer. Begreifen Sie denn nicht, was hier auf dem Spiel steht?» Etwas Ähnliches haben Sie auch schon gesagt? Resultat? Eskalation. Warum? Das können Sie jetzt sogar mathematisch beantworten (siehe Ebene 3, Kapitel «Der KWG»): Wenn Sie den Partner derart angehen, steigt der Schmerz im Konflikt, und der KWG fällt.

Warum macht der Partner nach so einer Äußerung eigentlich zu? Stimmt doch alles, was gesagt wird: Er ist wenig kooperativ und weiß wohl nicht so recht, was auf dem Spiel steht! Stimmt – zumindest vom Inhalt her. Doch in der Form kommt so eine Äußerung ziemlich schlecht an, da «von oben herab» gesprochen. Es ist, als wenn ein strenger Elternteil mit einem unartigen Kind spricht. Und dieses «Beziehungsangebot» kann der Konfliktpartner nicht annehmen. Deshalb trotzt er noch mehr.

Wenn Sie «von oben herab» den Partner dazu animieren wollen, doch vernünftig zu sein, geht das nach hinten los.

Denn je größer Sie sich machen, desto kleiner machen Sie Ihren Partner. Je heftiger Sie Ihr Eltern-Ich herauskehren, desto tiefer stoßen Sie ihn in die Rolle des aggressiv aufmuckenden oder defensiv schmollenden Kindes. Actio = Reactio.

Der Ton macht die Musik

Es hat große Nachteile, von oben herab zu einem Konfliktpartner zu sprechen – auch wenn uns manchmal die Finger danach jucken. Sobald Sie mit Ihrem Eltern-Ich sprechen und das Kind-Ich in ihm ansprechen, macht er dicht und trotzt oder schmollt. Egal, was Sie dann sagen, wie gut Ihre Argumente auch sind, wie Recht Sie auch haben mögen – Sie können den Partner nicht mehr für die Kooperation gewinnen, weil der Partner gar nicht mehr hört, was Sie sagen. Er hört nur noch, wie Sie es sagen. Und das behagt ihm nicht (es sei denn, er durchschaut Ihr Beziehungsangebot – aber dazu müsste er fit in Transaktionsanalyse sein oder dieses Buch gelesen haben).

Machen Sie den Partner nicht zum Kind. Versuchen Sie lieber aus Ihrem Erwachsenen-Ich heraus, sein Erwachsenen-Ich zu erreichen.

Sie können diesen Appell auf die drei Parameter des KWGs (siehe Ebene 3, Kapitel «Der KWG») abstellen:

- Appell zur Steigerung des Nutzungsgrades, wenn der Partner einige Optionen einfach ausschließt: «Ich denke, wir haben in dieser Situation viele Möglichkeiten, zu einer für uns beide erfolgreichen Lösung zu kommen. Bitte lassen Sie uns alle möglichen Optionen berücksichtigen, damit wir die für uns beste aussuchen können.»
- Appell zur Reduktion des Zeitaufwands: «Wir beide sind die Fachleute auf diesem Gebiet. Wenn wir uns die nächste Woche noch zweimal für je eine Stunde zusammensetzen, müssten wir eine gute Lösung finden!»
- Appell zur Schmerzreduktion: «Lassen Sie uns um die beste Lösung ringen. Ich sehe keinen Grund, warum ich Ihnen dabei Vorschriften machen sollte. Wir werden uns ganz sicher nicht gegenseitig auf die Nerven gehen.»

Klingt recht vernünftig, nicht? Warum reden wir selten so vernünftig? Weil uns ein querschießender Partner natürlich auf 180 bringt. Und weil wir meinen, auf einen groben Klotz einen groben Keil setzen zu müssen. Stimmt aber nicht.

Wer grob wird, stellt sich selbst ein Bein.

Grobheiten kommen als Bumerang zurück oder verursachen Kosten durch indirekte, passive Verweigerung. Natürlich kostet es anfangs große Überwindung, beherrscht zu bleiben und vernünftig zu reden. Dafür lohnt es sich auch. Die Frage ist nur: Warum streiten so wenige Menschen vernünftig?

Warum Konflikte hässlich werden

Wenn Sie sich umschauen: Die meisten Konflikte laufen nach dem Eltern-Kind-Muster ab. Der eine belehrt von oben herab, der andere trotzt und bockt und schmollt, bis auch er in die Elternrolle wechselt und den anderen zum Kind macht. Warum können Menschen offensichtlich nicht vernünftig streiten?

Dafür gibt es zwei Gründe. Der eine: Manchmal fallen wir halt einfach darauf herein. Wenn einer wie ein Oberlehrer zu uns spricht, ist es verdammt einfach, in die Schülerrolle zu rutschen. Das passiert einem eben. Der andere Grund: Wenn unser Selbstwertgefühl klein ist (siehe Ebene 3, Kapitel «Selbstwert»), dann streben wir förmlich danach, im Konflikt den Partner runterzuputzen (Eltern-Ich) oder uns bei ihm auszuheulen (Kind-Ich), um unser Selbstwertgefühl wieder aufzubauen. In beiden Fällen von kleinem Selbstwertgefühl sind wir dabei, ein persönliches Defizit über den Konfliktpartner beheben zu wollen. Das heißt: Weil ich innen ein Problem habe, suche ich außen nach einer Lösung. Wie wir gesehen haben, ist das zwar eine beliebte Suchmethode, sie bringt jedoch nichts.

«No outside solutions»: Wenn Sie innen ein Problem haben, versuchen Sie nicht, es außen zu lösen.

Für ein inneres Problem gibt es nämlich keine äußere 1:1-Lösung. Selbst wenn Sie einen Konfliktpartner finden, der Ihrer Einladung folgt und das Kind spielt oder die Elternrolle, tröstet Sie das nur vorübergehend. Denn niemand kann Ihnen von außen geben, was Sie sich von innen verweigern.

> *«Gib's dir selbst!», lautet bei inneren Mangelzuständen die Devise.*

Viele Konflikte drehen sich im Kreis und werden hässlich, weil die Konfliktpartner ihre persönlichen Defizite zulasten des Konfliktes oder des Partners beheben wollen, nach dem Motto: «Ich will mich groß machen!» Oder: «Ich will getröstet werden!» Diese Haltung ist aber nur egozentrisch und nicht lösungsorientiert. Deshalb dauern die meisten Konflikte viel zu lange, sind zu stressig und werden selten zur Zufriedenheit bewältigt! Obwohl das keiner will.

Doch Vorsicht: Wenn Menschen Bedürfnisbefriedigung statt Konfliktlösung betreiben, tun sie das meist jenseits jeder bewussten Intention. Keiner geht in einen Konflikt mit dem Gedanken: «Ich will den Konflikt gar nicht lösen – ich brauche bloß einen zum Runterputzen!» Sondern das passiert alles wirklich völlig unbewusst. Für das Unterbewusste ist so ein Konflikt einfach eine willkommene Gelegenheit, persönliche Defizite abzuarbeiten. Für reflektierte Zeitgenossen wie Sie heißt das jedoch:

> *Bevor Sie in einen Konflikt gehen, geben Sie Ihr persönliches Defizit an der Garderobe ab!*

Das gilt für Sie. Was aber, wenn Sie einem Partner gegenübersitzen, der ohne Garderobenmarke am Tisch sitzt?

Sofort auf den Tisch!

Das ist die Devise, sobald Sie den Verdacht bekommen, dass es Ihrem Partner gar nicht um die Konfliktsache, sondern womöglich um zwei andere Dinge geht:

a) Er will ein persönliches Defizit abarbeiten.
b) Er will ein Beziehungsproblem bearbeiten.

Denn solange das persönliche oder das Beziehungsproblem unausgesprochen im Raume steht, kommen Sie in der Sache nicht weiter. Also bringen Sie es auf den Tisch. Sie haben zwei Optionen:
– Die Harvard-Option: Erst die Beziehung, dann die Sache,
– Die Feuerwehr-Option: Das Beziehungsproblem vertagen, um die Sache anpacken zu können, weil die Zeit drängt.

Sie können also sagen: «Ich glaube, wir haben neben unserer Sachfrage noch eine andere Baustelle. Können wir diese klären, bevor wir in der Sache weiterfahren?» Oder Sie können sagen: «Ich merke, da ist noch ein Problem im Hintergrund. Könnten wir dessen Klärung auf anschließend verschieben, damit wir dem Zeitdruck gerecht werden?»

Sehr viele Konflikte drehen sich im Grunde nicht um ein Sachproblem, sondern um ein persönliches oder Beziehungsproblem, das erst durch unsachgemäße Konflikthandhabung entstanden ist.

Der Sachkonflikt sollte eigentlich die Hauptsache in einem Konfliktgespräch sein. Ist er aber meist nicht. Er ist lediglich der Aufhänger für die Bewältigung des persönlichen oder des Beziehungsproblems. Bleibt die Frage: Wie lösen Sie persönliche oder Beziehungsprobleme?

Beziehungsprobleme bewältigen

Bringen Sie Beziehungsprobleme auf den Tisch, sobald Sie solche bemerken: «Ich glaube, neben unserem Sachproblem haben wir noch ein anderes. Wie stehen wir eigentlich zueinander? Wie sehen Sie unsere Beziehung?» Darauf sind dann meist Dialoge der folgenden Art zu hören. A: «Sie behandeln mich wie einen Lakaien, dabei kenne ich mich viel besser im Thema aus als Sie!» B: «Aber natürlich sind Sie mir untergeordnet – schließlich habe ich den höheren Rang!» Bei so einer Konstellation ist es klar, dass das Konfliktgespräch zu nichts führt.

Weil es gar nicht um die Sache geht. Beiden Partnern geht es verdeckt nur darum, dem anderen zu zeigen, wer hier der Boss ist. Das Sachergebnis geht dabei flöten. Dabei ist das Beziehungsproblem durchaus lösbar, sobald man es als solches erkannt und angesprochen hat. A: «Ich dachte, ich sei der Projektleiter!» B: «Nein, eigentlich habe ich den Auftrag vom Geschäftsführer bekommen!» A: «Also, wie organisieren wir uns jetzt?»

Probleme mit der Beziehung? Klären Sie die Beziehung!

Unsere Erfahrung: Wenn man vernünftig miteinander redet, findet man einvernehmliche Lösungen für das Problem. Vorausgesetzt, man redet über das richtige Problem: über das Beziehungs- und nicht das Sachproblem (siehe auch Ebene 3, Kapitel «Beziehungskunst»).

Persönliche Probleme bewältigen

Wie machen Sie Ihrem Konfliktpartner klar, dass er ein Problem hat, das nichts mit dem Konfliktproblem zu tun hat? Schwierig. Denn in der Regel ist dem Partner gar nicht bewusst, dass er ein Problem hat. Und das ist noch nicht einmal die schwierigste Konstellation.

Die schwierigste Konstellation: Beide Konfliktpartner wissen nicht, dass sie ein Problem haben. Beide glauben, dass sie heftig um eine Sachlösung ringen. Dabei versuchen beide auf Biegen und Brechen, ihr persönliches Problem im Konflikt zu lösen: ihr beschädigtes Selbstwertgefühl. Jeder kämpft nicht um eine Sachlösung, sondern um Streicheleinheiten, Anerkennung, Zuwendung – natürlich unbewusst. Damit ist klar, warum die meisten Konflikte sich zäh wie Kaugummi hinziehen und nichts Wesentliches dabei herauskommt. Jeder denkt, er arbeitet an der Sachlösung, dabei arbeitet er lediglich verbissen an der Lösung seines persönlichen Problems. Zumindest dieses Worst-Case-Szenario wird Ihnen erspart bleiben. Denn immerhin werden Sie künftig sehr viel reflektierter in einen Konflikt gehen. Bleibt die Frage: Wie bringen Sie Ihren Konfliktpartner runter vom Baum? Ganz einfach:

Wenn Ihr Konfliktpartner statt des Sachziels persönliche Probleme behandeln möchte, geben Sie ihm genau das, was er will.

Nämlich? Anerkennung. Aber:

Honig um den Mund schmieren? Vergessen Sie's! Darauf fällt heutzutage keiner mehr rein. Anerkennung muss authentisch sein.

Aber nicht auf die amerikanische Art: «Wenn Sie gelernt haben, Ehrlichkeit vorzutäuschen, haben Sie's geschafft!» (Woody Allen) Sondern richtig: Was finden Sie gut am Konfliktpartner? Was hat er aus Ihrer Sicht gut gemacht? Bei welchen Themen ist er Ihrer Vermutung nach besonders empfänglich für Anerkennung? Überlegen Sie gut – und dann geben Sie ihm das positive Feedback. Nach dem Prinzip: Einmal ist keinmal. Lassen Sie hin und wieder ein freundliches, ehrliches Wort der Anerkennung einfließen. Nach und nach werden Sie bemerken, wie er auftaut, entspannter wird, die Kompensation seines persönlichen Defizits aufgibt. Denn wenn Sie ihm geben, was er sucht, muss er nicht länger Ihr Konfliktgespräch damit belasten. Wenn Sie ihm die Anerkennung geben, die er insgeheim sucht, kann er sich dem Sachproblem zuwenden.

Wenn sein persönliches Defizit zur Genüge behandelt wurde, wendet sich der Partner (endlich) dem Sachproblem zu.

Werden Sie ein großer Stratege!

Was ist die beste Strategie für einen Konflikt? Genau jene, die im konkreten Konfliktfall den größten Erfolg verspricht.

Eine Strategie ist keine Strategie. Entscheidend ist Ihre strategische Flexibilität: Wer viele Strategien zur Auswahl hat, fährt besser.

Stellen wir mal einige Strategien zusammen, anhand derer Sie Einfluss auf den Partner nehmen können:
- Die monetäre Macht: Sie bieten Ihrem Konfliktpartner so viel Geld an, dass er Ihre Position akzeptiert. Eine mögliche, aber in heutigen Zeiten eher seltene Strategie.
- Die strukturelle Macht: Wenn Sie über Positionsautorität verfügen, können Sie den Partner einfach anweisen.
- Die Wissensmacht: Sie können mit Know-how, Fachkompetenz, Expertise überzeugen. «Dazzle them with science!», sagen die Amerikaner.
- Charisma: Ihre persönliche Ausstrahlung, mit der Sie überzeugen.

Oder prosaisch ausgedrückt: Sie können auf Ihren Konfliktpartner Einfluss nehmen, indem Sie ihm Geld anbieten, ihn anweisen, mit Wissen beeindrucken oder kraft Ihrer Ausstrahlung für sich persönlich einnehmen. Macht ist eine wirkungsmächtige Basis für eine Konfliktstrategie. Die Frage ist, wie Sie mit dieser Macht umgehen.

Lohnt sich Manipulation?

Sie können Ihre Machtposition, die sich aus obigen vier Quellen speist, dafür benutzen, um den Konfliktpartner im Sinne seiner eigenen Ziele weiterzubringen. Sie können Ihre Macht aber auch dafür gebrauchen, ihn nur im Sinne Ihrer eigenen Ziele zu beeinflussen, ihn dazu zu bringen, gegen seine eigenen Interessen zu handeln. Das nennt man nach alter Väter Sitte Manipulation. Mit einer starken Machtposition im Rücken ist die Versuchung oft sehr groß, den Partner (un)sanft zu manipulieren. Schließlich will man den Konflikt schnell hinter sich bringen, und außerdem heiligt der Zweck bekanntlich die Mittel. Soll man? Darf man? Das ist keine Frage, denn:

Manipulation ist, wenn überhaupt, dann nur kurzfristig erfolgreich.

Manipulation klappt zwei, drei Mal – dann durchschaut selbst der tumbste Partner, dass er über den Tisch gezogen werden soll; er wehrt sich vehement, schlägt zurück oder macht dicht. Einmal ganz davon abgesehen, dass nach einem durchschauten Manipulationsversuch die Beziehung perdu ist und damit auch die Basis für jede weitere effektive Kommunikation oder Konfliktklärung. Darüber hinaus gibt es noch einen Grund, weshalb Manipulation ein äußerst schwaches Amateur-Rezept ist:

Manipulation ist eine Eselei für Anfänger, da sie bei jedem nicht kriminellen Menschen gegen die eigenen Werte verstößt und daher das Selbstwertgefühl derart beeinträchtigt, dass man sich danach selbst nicht mehr in die Augen schauen kann.

Und wer sich selbst nicht mehr in die Augen schauen kann, ist nicht besonders wirkungsvoll bei der Konfliktklärung. Oder wie bereits Abraham Lincoln sagte:

«You can fool all of the people some of the time. You can fool some of the people all of the time. But you can't fool all of the people all of the time.»

Sie brauchen eine BATNA (Best Alternative To a Negotiated Agreement)!

Jedes Jahr erleben wir es wieder in der Bundesliga: Vereine, die sich im Abstiegskampf von Misserfolg zu Misserfolg kicken und deshalb bereits drei Spieltage vor Saisonende sicher abgestiegen sind, spielen an den letzten drei Spieltagen das Spiel ihres Lebens und lassen oft sogar den Tabellenführer stolpern. Warum? Weil ja eh' schon alles verloren ist und man befreit aufspielen kann, wenn's nicht mehr drauf ankommt! Ähnlich geht es wegen Leistungsschwäche gekündigten Außendienstmitarbeitern, die nach ihrer Kündigung explosionsartig aufblühen und von ihren Vorgesetzten Kommentare der folgenden Art provozieren: «Wenn er vor seiner Kündigung so verkauft hätte, dann hätte ich ihm nicht kündigen müssen!» Warum löst sich der Knoten, wenn alles verloren ist?

«Wer Tore schießen will, muss frei sein im Kopf.» Jürgen Klinsmann

Frei im Kopf? In einem Konflikt? Ist ja lächerlich! Wenn wir irgendwo gestresst, genervt und angespannt sind, dann doch wohl im Konflikt! Eben. Und weil wir derart verkrampft sind, verhandeln wir schlecht. Jedenfalls viel schlechter, als wenn wir locker, gelassen, gelöst und souverän auftreten. Das Harvard-Business-Konzept hat das schon lange thematisiert und eine verblüffend einfache Lösung gefunden:

Wer frei ist im Kopf, bewältigt Konflikte exorbitant besser. Und frei im Kopf wird man mit einer BATNA.

Die magische Wirkung der BATNA

Eine BATNA ist die «Best Alternative To a Negotiated Agreement», also die beste Alternative, die zur Verfügung steht, falls es nicht zu einer erfolgreichen Konfliktlösung kommt. Ein Beispiel dazu: Lucy ist Außendienstmitarbeiterin für ein Mode-Label. Sie hat Riesenärger mit einem deutschen Versandhaus. Das Versandhaus droht abzuspringen, weil die chinesischen Zulieferer des Labels mal wieder lose Nähte geliefert haben. Lucy ist total verkrampft und verbiestert bei den Krisengesprächen mit den Einkäufern des Versandhauses. Weil sie aber ein Profi ist und merkt, dass sie verkrampft schlecht verhandelt, fragt sie sich:
– Was für eine Alternative habe ich, wenn unsere Konfliktgespräche zu nichts führen?

– Was kann ich, wenn hier nichts rauskommt, tun, um meine Umsatzziele trotzdem noch zu erreichen?

Nach langem Überlegen findet sie ihre BATNA: Sie wird drei B-Kunden auf A-Level zu heben versuchen und mit einer Sonderaktion bei C-Kunden den Massenverkauf ankurbeln. Damit kann sie sich aller Voraussicht nach retten. Und allein diese Aussicht auf nahe Rettung befreit sie von dem Erfolgsdruck, der sie bislang in ihren Bemühungen um Konfliktklärung wie eine Fußfessel behindert hat. Sie verhandelt befreit und kann den Großkunden halten.

Die BATNA gibt Ihnen die Sicherheit, Souveränität und Gelassenheit, die Sie im Konflikt beflügeln.

Eine BATNA ist auch noch unter einem anderen Aspekt für jeden Konfliktprofi eine unabdingbare Voraussetzung für Erfolg: Stellen Sie sich vor, Sie haben keine BATNA – und Ihr Konfliktpartner hat eine! Das gibt ihm einen strategischen Vorteil, den Sie durch nichts wettmachen können. Es sei denn, Sie legen sich auch eine BATNA zu.

Ihnen fällt auf Anhieb keine BATNA ein? Das ist normal. Eine BATNA fällt einem nicht in den Schoß. Sie will entwickelt werden.

Das heißt: Auf den Hosenboden setzen und einige Minuten in Ruhe nachdenken. Alle guten Konfliktklärer machen das. Dazu ein Beispiel.

Sie haben keine? Entwickeln Sie eine!

Ein Großkonzern verhandelt mit einem kleinen Zulieferer. Der kleine Zulieferer ist so klein, dass er nur diesen einen Großkonzern als Kunden hat. Das weiß der Einkäufer des Konzerns, der deshalb den Kleinzulieferer beim Preis bis aufs Blut ausquetscht. Das macht er derart sicher und souverän, dass er es sogar laut ausspricht: «Mein Lieber, Sie wissen genauso gut wie ich, dass bei Ihnen die Lichter ausgehen, wenn wir unseren Großauftrag zurückziehen. Also geben Sie mir nochmals zwanzig Prozent Preisnachlass!»

Dem Firmenchef des kleinen Zulieferers steht der Schweiß auf der Stirn. Er weiß, dass der Einkäufer Recht hat und er mit dem Rücken zur Wand steht. Doch da wischt er sich mit einem Lächeln die Schweißperlen von der Stirn und sagt: «Das war letzten Monat. Diesen Monat sind wir in Verhandlungen mit der ABC KG. Die wollen von uns ungefähr dieselbe Menge wie Sie – nur zu besseren Konditionen. Also drohen Sie mir ruhig. Mich lässt das heute kalt.» Der Einkäufer sieht, dass sich der Firmenchef Alternativen geschaffen hat oder gerade dabei ist, solche zu entwickeln. Das verändert die Konflikt-Verhandlungssituation.

> *Die neu entwickelte BATNA gibt Sicherheit und verbessert die Verhandlungsposition.*

Ihre strategischen Optionen

> *Wer nur einen Hammer hat, für den sieht alles wie ein Nagel aus.*

Auch für Ihr strategisches Verhalten gilt: Je mehr Optionen Sie haben, umso besser für Sie. Denn je flexibler Sie sind, desto besser können Sie ein Konfliktgespräch steuern. Das flexiblere Element steuert das System. Welche strategischen Optionen haben Sie zur Auswahl?

Entweder	Oder
Eskalation *Konfrontieren, die Dinge auf die Spitze treiben*	**Deeskalation** *Beruhigen, Wogen glätten*
Initiative *Die Initiative ergreifen*	**Passivität** *Passiv bleiben und den Partner machen lassen*
Offenheit *Mit offenen Karten spielen*	**Zurückhaltung** *Mit verdeckten Karten spielen*

Klingt trivial? Nicht für den Konfliktprofi. Denn der weiß: Die meisten Menschen kennen diese simple Tabelle nicht. Wenn sie in einen Konflikt geraten, ziehen sie immer ganz automatisch und unbewusst «denselben alten Stiefel» durch. Blöd daran: Das weiß das ganze Umfeld! Wir fragen unsere Seminarteilnehmerinnen und -teilnehmer manchmal nach der Konfliktstrategie ihrer Vorgesetzten oder Kollegen und hören dabei stets Sätze wie:

– «Er treibt die Dinge immer sofort auf die Spitze.»
– «Sie zieht sich in ihr Schneckenhaus zurück und bleibt im Konflikt passiv.»
– «Er ist so berechenbar! Er hält stets die wichtigsten Informationen zurück. Also braucht man die erste halbe Stunde kein Wort von dem zu glauben, was er sagt.»

Konfliktamateure tendieren zu einer oder zwei strategischen Lieblingsoptionen. Das macht sie vorhersehbar, ineffektiv und vor allem steuerbar. Der Profi macht das anders.

Profis passen ihre Konfliktstrategie der jeweiligen Situation an.

Ergreift Ihr Konfliktpartner die Initiative und prescht vor, versuchen Sie nicht, ihm den Rang abzulaufen, sondern bleiben Sie erst mal passiv und abwartend. Hat er sich dann ausgetobt, übernehmen Sie ihrerseits die Initiative. Bewegt sich der Partner zu langsam, können Sie auch mal die Eskalation forcieren. Wird er zu grob, können Sie deeskalieren.

Machen Sie nicht immer dasselbe. Wählen Sie Ihre Strategie weise.

Dazu gehört auch, dass Sie Ihre Strategie nicht erst im Konfliktgespräch gänzlich spontan und unbewusst auswählen (weil Sie eben immer auf diese Weise Konflikte führen). Überlegen Sie vor einem Gespräch, welche Strategie angemessen ist und in welchem Fall ein Strategiewechsel angebracht wäre. Sie werden merken, dass eine über-

193

legt gewählte Strategie Ihnen die Konfliktlösung immens erleichtert. Das ist charakteristisch für Strategien: Sie lenken den Wagen in die richtige Richtung.

*«Man sollte die Welt so nehmen, wie sie ist,
aber nicht so lassen.»*

IGNATIO SILONE

Nachwort mit guter Nachricht

Zum guten Schluss eine gute und eine schlechte Nachricht. Die schlechte zuerst: Trotz guten Ansätzen verhalten sich immer noch viel zu viele Menschen in Konflikten destruktiv. Die gute:

Konfliktmanagement ist erlernbar. Je größer Ihre Kompetenz der Konfliktklärung, desto erfolgreicher und zufriedener werden Sie in Zukunft leben und arbeiten – und vor allem: stressärmer!

Was bedeutet das angesichts der zunehmenden Konflikte auf individueller wie auch auf gesamtgesellschaftlicher Ebene? Die Schlussfolgerung liegt auf der Hand:

In einer Welt zunehmender Konflikte werden nur jene Menschen beruflich und gesellschaftlich erfolgreich sein und bleiben, die eine entscheidende Schlüsselkompetenz mitbringen: Konfliktstärke.

Das haben Sie offensichtlich auch schon erkannt – sonst würden Sie kaum dieses Buch lesen.

Mit dieser Erkenntnis sind Sie nicht allein: Immer mehr Menschen erkennen die entscheidende Bedeutung von Konfliktstärke in konfliktreichen Zeiten. Und immer mehr berichten von der wohltuenden Wirkung einer gesunden Konfliktstärke. Ein schönes Beispiel liefert der 48-jährige Bereichsleiter eines süddeutschen Konzerns, der einige Wochen nach einem eingehenden Konflikttraining meldete: «Seitdem ich Konflikte gut klären kann, habe ich keine mehr!» Dazu lächelte er verschmitzt. Wie das? Sind die Konflikte plötzlich alle verschwunden?

Nein: «Viele Leute legen sich gar nicht mehr mit mir an, weil sie wissen, dass ich nicht mehr alles mit mir machen lasse. Die restlichen Konflikte sind nicht mehr belastend, sie erscheinen mir als lösbare Aufgaben: Ich kann das jetzt! Stressen lasse ich mich nicht mehr dabei. Viele Konflikte machen mir inzwischen sogar Spaß. Vor allem, wenn ich sehe, dass ich noch so viel rausholen kann, wo andere bereits total zerstritten das Handtuch geworfen haben.»

Sie werden bald merken: Was früher ein stressiger Konflikt für Sie war, wird bald nur noch eine ganz normale Konfliktlösung für Sie sein.

Und das bringt nicht nur Sie selbst voran. Durch den Konflikt erstarkte Menschen berichten uns regelmäßig, dass ihr Beziehungs- und Familienleben – selbst in schwierigen und dysfunktionalen Familien und Verwandtschaften – sich dadurch deutlich hat, dass sie jetzt mit mehr Konfliktverstand an die ständig von Neuem einsetzenden Kabbeleien herangehen.

Dasselbe hören wir auch immer wieder aus Unternehmen: Je mehr Manager und Mitarbeiter konfliktfit werden, desto spürbarer verwandelt sich die Unternehmenskultur von der konfliktträchtigen Dauerstressorgie in ein konstruktives Arbeitsklima, in dem Konflikte letztlich als unvermeidbar, nötig, nützlich und positiv erlebt werden. Was wir aus der Außensicht hinzufügen können:

Unternehmen mit konfliktstarker Unternehmenskultur sind deutlich erfolgreicher und überlebensfähiger.

So soll's ja auch sein. Wenn Sie für sich oder für Ihr Unternehmen auf dem Weg zur überragenden Konfliktstärke Unterstützung in jedweder Form wünschen – wir helfen Ihnen gerne ans Ziel. So erreichen Sie uns:

Münchner Management Forum
Preziosastraße 15a
81927 München
www.muenchner-management-forum.de
klaus.hoefle@t-online.de
thomas.fritzsche-mmf@t-online.de

Weiterführende Literatur

Axelrod, Robert: Die Evolution der Kooperation. München: Oldenbourg 2005.

Bambeck, Joern J.; Wolters, Antje: Jeder kann gewinnen. Kreatives Konflikt- und Problem-Management. Berlin: Ullstein 1992.

Besemer, Christoph: Konflikte verstehen und lösen lernen. Ein Erklärungs- und Handlungsmodell zur Entwurzelung von Gewalt nach Pat Patfoort. Baden: Werkstatt für Gewaltfreie Aktion 2002.

Fisher, Roger; Ury, William; Patton, Bruce: Das Harvard-Konzept. Sachgerecht verhandeln – erfolgreich verhandeln. Frankfurt am Main: Campus 2002.

Glasl, Friedrich: Selbsthilfe in Konflikten. Konzepte, Übungen, praktische Methoden. 5. überarb. und erw. Auflage. Bern: Haupt 2008.

Goleman, Daniel; Boyatzis, Richard; McKee, Annie: Emotionale Führung. München: Econ 2002.

Goleman, Daniel: Emotionale Intelligenz. München: Hanser 1996.

Gührs, Manfred; Nowak, Claus: Das konstruktive Gespräch. Ein Leitfaden für Beratung, Unterricht und Mitarbeiterführung mit Konzepten der Transaktionsanalyse. 2. unveränderte Auflage. Meezen: Limmer 1993.

Hagehülsmann, Ute und Heinrich: Der Mensch im Spannungsfeld seiner Organisation. Transaktionsanalyse in Managementtraining, Coaching, Team- und Personalentwicklung. Paderborn: Junfermann 1998.

Jiranek, Heinz; Edmüller, Andreas: Konfliktmanagement. Als Führungskraft Konflikten vorbeugen, sie erkennen und lösen. Freiburg im Breisgau: Haufe 2005.

Kreyenberg, Jutta: Handbuch Konflikt-Management. Konfliktdiagnose, -definition und -analyse, Konfliktebenen, Konflikt- und Führungsstile, Interventions- und Lösungsstrategien, Beherrschung der Folgen. Berlin: Cornelsen 2005.

Rampe, Micheline: Der R-Faktor. Das Geheimnis unserer inneren Stärke. München: Knaur 2005.

Riemann, Fritz: Grundformen der Angst. Eine tiefenpsychologische Studie. München: Ernst Reinhardt 2007.

Risto, Karl-Heinz: Konflikte lösen mit System. Mediation mit Methoden der Transaktionsanalyse – Ein Arbeitsbuch. Paderborn: Junfermann 2003.

Schulz von Thun, Friedemann: Miteinander reden. Das «innere Team» und situationsgerechte Kommunikation. Reinbek bei Hamburg: rororo 1997.

Steiner, Claude: Emotionale Kompetenz. In Zusammenarbeit mit Paul Perry. 4. Auflage. München: dtv 2003.

Steinkellner, Peter: Systemische Intervention in der Mitarbeiterführung. Diss, Wirtschaftsuniversität Wien. Heidelberg: Carl Auer 2005.

Thomann, Christoph: Klärungshilfe – Konflikte im Beruf. Methoden und Modelle klärender Gespräche bei gestörter Zusammenarbeit. 3. Auflage. Reinbek bei Hamburg: rororo 2002.

Watzlawick, Paul; Beavin, Janet H.; Jackson, Don D.: Menschliche Kommunikation. Formen, Störungen, Paradoxien. 11. unveränderte Auflage. Bern et al.: Hans Huber 2007.

Welter-Enderlin, Rosmarie; Hildenbrand, Bruno (Hrsg.): Resilienz – Gedeihen trotz widriger Umstände. Heidelberg: Carl-Auer 2006.